可怕的災難

于秉正◎主編

前言

我們一起來**探索與揭密**

劉淑華（幼獅文化公司總編輯）

　　每天早晨吃得飽飽的，為什麼中午11點多就會飢腸轆轆，人體這個複雜的機器究竟是怎麼回事？

　　傳說熱帶雨林亞馬遜河流域早期有食人族部落，真的嗎？他們為什麼要吃人？

　　當我們冬天在「世界屋脊」的帕米爾高原上，若沒有做好防寒準備，我們的手、耳朵或鼻子便會被凍得掉下來，為什麼呢？

　　許多探險家都喜歡到非洲，世界上第一位穿越非洲的蘇格蘭人，發現了什麼驚人的情景？

　　新聞中常提到的南海大海嘯、311地震、巴黎恐攻、流行病毒肆虐、吸毒氾濫等災難，這些又是個什麼樣慘痛人寰的情狀，我們能不能從這些災難中得到啟示。

　　對於上面這些問題，是否有一探究竟的好奇心，是否有解開謎團的企圖心呢？

　　1983年美國哈佛大學嘉德納教授，提出多元智能觀點，認為每個人都具備語文、邏輯數學、空間概念、肢體動感、音樂、人際關係、自然觀察、反省等9種智慧，教育時應積極挖掘孩子在不同領域的潛能與專長，若在適當機會，孩子都能發展到一定水準，且在生活中會以不同型式呈現出來；去年嘉德納又指出，在21世紀決定我們能否成功的因素，在於是否具備提出好問題、解決重

要問題、創造好作品以及和諧的團隊合作等四種能力。近年來政府強力推行的翻轉教育，也是期待讓孩子藉著主動學習，來發現問題、探索問題、思維統整和創新，進而提升未來的競爭力。

《神奇的探索》與《可怕的災難》就是在這種精神下自中國和平出版社引進，我們天生就有好奇心，年齡愈小愈強烈，《神奇的探索》以海洋、陸地與人文等3個面向，以生動有趣的故事體裁、誇張靈動的插圖，引導孩子在欣賞故事的懸疑氛圍中持續閱讀，並提問讓孩子加深加廣的思考，主題內容相當廣泛，其中有自然環境的探索、古代傳奇的探究、天文物理的尋索以及文化傳承的研究，讓我們不僅能增長了科普與人文知識，在閱讀涵詠中也培養追根究柢、探究歸納的科學精神。

此外，近年來天災不斷人禍不停，更顯得《可怕的災難》出版的急迫性，八仙樂園粉塵爆炸、臺南美濃地區大地震、每天上演的車禍，其次103年教育部公布的兒少保護事件有18749件，將近8成是意外事件，這些事件大多是可以防範的，即使地震無法預防，但是如何認識災難、正視災難、遠離災難、做到自保，將傷害降到最少，都是我們應該學習的。

期望藉著這兩本書的出版，作為大家學習探索，了解災難的跳板。

病毒災難

自然環境

好美麗的古城

被火山毀滅的 龐貝古城

地球上有許多大小不等的火山，它們不均勻地分布在世界各地，安靜得就像個「睡美人」。不過人們可不要掉以輕心，火山的「脾氣」可是說變就變，一旦它發起「怒」來，就會從火山口噴出炙熱的岩漿。你知道嗎？曾經的龐貝古城非常繁華，但在一夜之間就被火山噴發澈底毀滅了。

曾經美麗富饒的龐貝

西元前8世紀，有一個依附於地中海生存的小漁村，它的名字叫做龐貝。龐貝人不但聰明而且勤勞，因此經過了幾百年的發展和壯大，終於成為了商賈雲集、美麗富饒的城市。

在龐貝城內有雄偉的太陽神廟，有巨大的鬥獸場，還有很多繁華的商鋪和娛樂場館，這些娛樂設施吸引了地中海周圍的許多人。在龐貝城北面的維蘇威火山噴發了很多次，它的多次噴發帶來了很多奇異的火山石和地熱溫泉，尤其是黑中透著亮紅的火山石，因有止痛、安神的功效，人人都想擁有。龐貝還盛產葡萄，它們個大汁甜，是釀製葡萄酒的首選，用這裡的葡萄釀製的葡萄酒受到各地貴族的歡迎。

就這樣，愈來愈多的貴族來到龐貝生活，很快，城中的人口就達到了兩萬以上，而龐貝也就成為了名聞遐邇的繁華城市。

維蘇威火山噴發，一夜之間毀滅了整個龐貝

人們都知道，在龐貝城北有一個著名的活火山——維蘇威火山。在過去的1萬多年中，它不定時的噴發，所以光禿禿的山上一直沒有長植物。在西元79年8月初，隨著地球內部壓力的升高，維蘇威火山周圍地區發生了多次震顫，很多井水都乾涸了。在8月20日，這個地區發生了一次震級不高的地震，驚慌不安的馬和牛羊群、出奇安靜的鳥彷彿要告訴人們什麼。

在8月23日夜晚，火山灰開始不斷的從火山口溢出，當時的龐貝居民根本沒有想到將會發生多麼殘忍的事情。在下午1點鐘左右，火山開始露出了猙獰的面目，瞬間就噴出了灼熱的岩漿。岩漿四處飛濺，遮天蔽日。隨著巨大爆炸聲的響起，熔岩迅速地噴向大氣層，濃濃的黑煙夾雜著滾燙的火山灰鋪天蓋地的降落在這座城市，令人窒息的硫磺已經彌漫在空中。

很多還在睡夢中的人們就被深深地埋在了火山灰下面。有的人及時發現了災難的到來，不顧一切地向外奔跑，就在奔跑的過程中，被灼熱的岩漿掩埋。滾燙的岩漿掀起一股熱浪，力量非常大，瞬間就將人們完全掀翻在地，甚至城中高大華麗的建築都被推倒。灼熱的岩漿就像土匪一樣，所經之處一切都被毀滅。就這樣，古羅馬的第二大城市，擁有兩萬多人口的龐貝，在頃刻間就被熔岩和火山灰覆蓋了。美麗富饒的龐貝瞬間不復存在。

深埋地下的龐貝古城千年後重見陽光

隨著時間的推移，龐貝已經漸漸的被人們忘記了。後來，人們發現維蘇威火山山腳一帶長滿了茂密的森林，當人們伐去樹木之後，便裸露出黑油油的土地，於是大家就在這富饒的土地上面開發種植葡萄。西元1748年的春天，一名農民在深挖自己的葡萄園時，發現一個櫃子，打開一看，裡面竟是一大堆熔化、半熔化的金銀首飾及古錢幣。消息一傳開，便引來一批歷史學家與考古專家，經過百餘年七、八代專家的持續工作以及數千名工作人員的辛勤努力，終於將龐貝古城當年那驚心動魄的一幕真實地再現於世人面前。

那是多麼令人驚駭的景象啊！許多人在睡夢中死去，也有人躺在了家門口；不少人家的麵包仍在烤爐上，狗還拴在門邊的鏈子上；圖書館架上擺放著草紙做成的書捲……這些景象，充分展示了火山噴發的突然性。看到龐貝現場那些各種形態的男女老少屍體的化石，真是讓人不覺一陣陣發怵──火山的噴發確實太無情了。

居住在火山附近人們不害怕它嗎？

火山的噴發並不是件好事，按說人們應該遠離那些可能噴發的火山才是。然而，越是距離火山近的地方，人口往往越稠密。維蘇威火山是座活火山，它不定期噴發，奪走過很多人的生命。可人們依舊在那裡居住，他們難道不害怕嗎？其實火山噴發噴出的火山灰是極好的天然肥料，它含有多種農作物所需的養分。雖然火山噴發起來是有危險的，但是在人們的心目中，還不知是哪一年才會發生的事呢。因此，在火山噴發後，人們仍然到那裡去生活。

洪水把房子都沖走了，我去哪呢？

如猛獸般
咆哮的洪水

在人們眼中，洪水總是和猛獸相提並論，它是自然界的頭號殺手，是地球最可怕的力量。當一條河的河水過多時，就會溢出河堤引發洪水。這個原理就和你倒水的時候倒得太快，水就會溢出玻璃杯一樣。不過不同於水的溢出，洪水的威力實在是太大了。自古以來洪水給人類帶來了很多災難，比如發生在孟加拉的特大洪水，就是無法逃避的災難。

總被洪水侵襲的孟加拉

　　孟加拉每年都會發生洪水，由於程度不同，所以人們早就對它習以為常。特別是從20世紀中期以來，水災更是頻頻出現，因此孟加拉的水災總是比世界上任何一個地區的都要嚴重，它幾乎成了洪水的代名詞。

　　為何孟加拉總是遭受洪水的侵襲呢？原來這和它所處的地理位置有關。孟加拉位於孟加拉灣以北，80％以上的國土為恆河和布拉馬普特拉河下游衝擊而成的三角洲。在孟加拉境內還有200多條河流，每年河水都會氾濫，再加上這裡地處季風區，印度洋上吹來的西南季風帶著溫暖而

又飽和的水氣向低壓區衝來，當受到山脈的阻擋時，就會立即降雨。這就使得地勢平坦低窪的孟加拉總是難逃水災的侵襲。

孟加拉總發生洪水的人為因素也是不可忽視的。這個國家水利設施既缺乏具有防洪蓄水能力的大水庫，又沒有足以順利宣洩地面積水的溝渠網，再加上建築物質量不夠好，往往不能抵抗洪水的衝擊而成片倒塌，從而造成了更多人員的傷亡和財產的損失。

1987年的洪水幾乎淹沒了孟加拉

1987年是孟加拉人民無法忘記的一年，因為他們遭遇了史上最嚴重的災難。在7月19日深夜，安靜的世界突然變得「熱鬧」起來，不但空中烏雲密布、閃電雷鳴，還伴隨著強烈的風和暴雨，沉睡的人們就這樣被驚醒了。這是一場典型的熱帶暴風雨，它迅速地淹沒了平地，像一隻猛獸一樣吞噬了城市和田野。很多建造簡陋的民房被沖毀，成千上萬的居民無家可歸。等到天漸漸放亮的時候，許多地方已經變成了一片汪洋，只有一些屋頂和樹梢出現在人們的視線中。一些被暴風雨和洪水折騰的人們已經無路可走，只能蜷縮在屋頂和樹上，為了不被洪水捲走，人們只能用繩子將自己綁在樹上。

　　天空就像漏了一個大洞，暴雨從空中不停地落下。直到8月2日，仍然沒有要停的趨勢。孟加拉全國地勢平坦，在首都附近，甚至連一座像樣的小丘陵都沒有。人們只能和不斷上漲的洪水作鬥爭，竭盡全力地向屋頂等高處攀爬著。結構不良的房屋在洪水衝擊和人群的重壓下坍塌下來，把災民拋入滾滾的洪水中。人們的哭聲、呼喊聲連成一片。許許多多的人被洪水吞沒，親人們完全被洪水沖散。各種牲畜也被淹死，屍體漂浮在洪水中，所有房屋基本都被淹沒了，就連農田、道路和橋梁也沒有逃脫被洪水沖毀的命運。這次洪水一直延續到9月初，全國5/6的縣市遭受了水災。

水災之後痢疾流行於孟加拉

　　孟加拉在遭受了特大洪水之後，又出現了痢疾這種流行性疾病。痢疾是一種病毒，我們都知道感染了痢疾病毒，就會腹痛、腹瀉並伴有全身中毒等症狀。有的人被感染後沒有免疫力，病好了還會再次復發，它就是這樣反反覆覆折騰人的疾病。在一年的任何一個季節都能夠發生痢疾，痢疾病人都是傳染源，由於痢疾輕性、慢性占大多數，很容易被忽視，所以當大多數人都傳染上此病時，才發現覆蓋面已經特別廣了。

　　那引起痢疾的原因是什麼呢？首先是洪水造成了許多人的直接傷亡，使得屍體以及傷口成為痢疾桿菌生長和繁殖的理想場所，這樣菌源可以順利產生；其次就是洪水造成了許多人身體免疫系統下降，導致

對病菌的抵抗力下降，容易感染病菌，造成痢疾這種傳染病的大面積暴發；還有就是季節原因，像孟加拉的水災都是發生在降雨較多的季節，而降雨較多的季節一般空氣流動性都比較強，這就使病菌的傳播途徑更廣泛，傳播速度更快。傳染上痢疾的災民，本來在遭受洪水之後就居無定所，再加上強烈脫水，逃脫了洪水並沒有逃離死亡。

　　1987年孟加拉的洪水本來已經帶來了巨大損失，再加上災後數十萬人感染痢疾，更使得這個國家慘不忍睹。自然災難真是讓人防不勝防啊！

口渴了，可以直接喝洪水解渴嗎？

　　人是離不開水的，如果在非常口渴的情況下，而身邊又沒有其他飲用水，那麼可以喝洪水嗎？其實洪水中有大量的泥漿、雜物，甚至汙水，還包含了很多的微生物和腐爛物，這樣的水是不能喝的。

地在搖晃，地面裂個大縫

令人無法忘卻的
汶川大地震

地震，是地球上經常發生的一種自然災害。輕微的地震使地面震動；劇烈的地震則會使地面像海上的船隻一樣搖晃，甚至裂開；而威力最強的地震能使山體移動、河流改道，還可以將整座城市埋入地下。

無情的地震降臨汶川

　　2008年5月12日，四川省汶川縣的人們同往常一樣工作、學習和生活著，誰也沒有想到一場大災難即將降臨。

　　下午2時28分，大地開始上下左右顫抖，許多樹木和房屋禁不住地震的搖晃，在短短的幾秒鐘之內陸續倒塌。剛剛還在自由活動的人們，下一秒突然就被埋在了倒塌的房屋之下。有的人可能還沒來得及想要做什麼，就在不知不覺中離開了世界；有的人被壓在了房子底下，身上都被泥土蓋著，渾身上下都是乾涸的血跡，強忍著一口氣等待救援。

　　這場大地震來得太突然，很多學生正在課堂上課。當地震來臨的那一刻，很多老師用自己的身軀擋住學生。學生的生命保住了，可是老師的身體卻被砸得看不出原有的樣子。

　　當地震發生之後，四川地區所有通訊信號都中斷了，周圍的人們想盡各種辦法來到現場進行搜救。可是無論人們多努力，依然改變不了這場災難帶來的損失：無數人和親人失散，無家可歸；從空中向下望去，一片片倒塌的房子，數以十萬計的人埋在倒塌的房屋下面。有的人就此長眠於地下，在這些人之中，有上千人都是正在學校讀書的學生，誰也沒有想到地震這麼的無情！

地殼板塊撞擊引起了地震

　　大地震震央在四川省汶川縣映秀鎮附近，當時大半個大陸以及很多的亞洲國家和地區都能夠感覺到震動，不得不說汶川地震的波及面真的很廣。那麼為什麼汶川會發生地震呢？其實地球有很多層，就像一個大洋蔥，在最中心的是地核；中間層是地幔，最外層是地殼。地殼由許多大小不同的部分組成，我們就把這些部分叫做板塊。板塊並不是固定的，它們之間會發生撞擊，因而就產生了地震。

地震時，上下左右的劇烈晃動會將你甩向任何一個方向。其實這樣的晃動是一種複雜的運動方式，它是由橫波和縱波共同作用的結果。橫波可以使地面水平晃動，它的傳播速

度很慢，消失的也很慢；縱波是使地面上下晃動的波，它傳播的速度快，消失的速度也很快。所以當地震發生時，你周圍的一切才會上下左右的晃動。

破壞力度如此大的汶川地震

我們都知道，汶川地震破壞力很大，這次地震是大陸內部地震，屬於淺層地震。它發生的機會很大，並且釋放的能力很高，是地震災害的主要製造者，同時對人類的影響最大。

每一年全球都會發生很多次地震，會造成大地裂縫、房屋損壞這種情況的地震每年要發生10次以上，而會造成房屋多處損壞並且地下管道破裂的僅僅1～2次。大陸地區主要受印度板塊和太平洋板塊推擠，地震活動比較頻繁。一般在地震帶上的地區發生地震的概率都非常的高，而汶川就在地震帶上，所以發生如此大破壞力的地震也是很正常的了。

如果要辨別地震的破壞程度那就要看地震的震級和烈度了，震級越高，震源越淺，烈度就越大。比如這次汶川地震8

級，破壞的力度就更大了，很多的樓房都相繼地倒塌，地面會出現很大的裂縫。每次地震都會釋放出很大的能量，但是能量又不可能在一次地震中完全被釋放出來，所以就會出現一次次的餘震，借著餘震再釋放剩下的能量。因此在汶川大地震之後，又接連發生了很多次的餘震，而餘震為這場災難帶來了更多的損失。

動物真的可以預報地震嗎？

很多動物的聽覺能力都高於人類，像貓、狗能夠聽到的聲音，人的耳朵未必能夠聽到，那麼如果人無法感知地震來臨之前的異常，動物能否感知到呢？很多人都說蛇能覺察地震，是因為它們能夠嗅出地震前地下所釋放出來的碳氫化合物的氣息；狗會不停的叫來預報地震，是能聽見地震開始時所發射出來的超聲波。其實用動物來預測地震並不是非常準確和科學的。

風吹過，屋頂不見了……

撕碎物體的龍捲風

在自然界中，什麼東西能像陀螺一樣旋轉，能夠發出像獅子一樣的怒吼，還能把房屋「撕成」碎片？正確的答案是龍捲風。龍捲風是一種猛烈的、漏斗狀的風暴，它總是從雷雨雲上旋轉而下。如果龍捲風在你附近旋轉，千萬不要到它的周圍去觀察，因為它會撕裂許多東西，更可怕的是沒有人能夠知道它接下來要去哪裡。

壯觀而可怕的龍捲風

我們都知道，龍捲風是一種災害性的空氣漩渦，由於發生的時候像從水中躍出的蛟龍，因此而得名。當然，它還有「龍倒掛」「龍吸水」等別稱。

其實龍捲風喜歡出現在夏天的雷雨大中。由於那樣的天氣很不穩定，因此兩股空氣就發生對流運動。它們之間會不停地摩擦，而形成空氣漩渦。漩渦形成之後會不斷的旋轉，並且速度也會越來越快，最終就形成旋轉的漏斗狀雲層。雲層看起來就像從雷雨雲上垂下來的大象鼻子，當它接觸到地面的時候，就形成了龍捲風，並開始移動。龍捲風是一個猛烈旋轉的圓形空氣柱，它的上端與雷雨雲相連，下端懸掛著空氣。它具有很大的吸吮能力，能夠把海水和海中的動物吸離海面；也能夠揚起陸地上的沙塵，捲走高大的樹木和房屋，因此看起來壯觀可怕。

生命周期短暫的龍捲風

世界上任何的事物都有它的生命周期，就像我們人類，有出生也就有死亡，當然龍捲風也不例外。龍捲風的生命周期其實很短暫，一般就能維持幾分鐘或者是一、兩個小時。由於發生時波及的範圍不大，所以人們總是無法準確地預報出它出現的時間。

從風暴的強烈程度來看，強度最大的風暴並不是龍捲風。但從影響範圍上看，就不得不提龍捲風了。哪怕是很小的龍捲風，它包含的能量都是巨大的。因此只要出現龍捲風，就意味著出現大麻煩。如果你不走運，遇到了龍捲風洪流——它們有時候會成群結隊的來，足足有幾十個，那樣就更加危險了。

在世界上，美國是龍捲風造訪次數最多的國家，由於它總是帶著巨大的力量突然襲擊，所以無論是對人類的生命還是建築，其毀壞能力都是無法估量的。

龍捲風到底有多厲害

在1997年5月28日晚上，美國德克薩斯州的加瑞爾鎮遭遇了10年以來最嚴重的龍捲風襲擊。短短5分鐘的龍捲風襲擊，使小鎮變得千瘡百孔、滿目瘡痍。

下午3點15分，悲劇開始，那時的龍捲風剛剛著地。天空頓時變暗了，然後像漏斗似的龍捲風就從天而降，所有的人都驚恐萬分。從遠處看，感覺龍捲風就只有幾公分高，然後迅速地漫過地平線。隨著龍捲風越來越近，附近的建築物差不多都飛了起來，一輛輛汽車被扔得到處都是。在1000多公尺的地域內，龍捲風造成了巨大的破壞。

可惡的龍捲風沒有任何徵兆就席捲過來，並且奪走了32條性命。在這個僅僅有400人的小城，可以說幾乎每一位倖存者都認識這些遇難者。在死去的人中，很多人生前都是坐在汽車裡，或是待在被摧毀的房子裡。地上、田野上都遍布著牲

畜的屍體，牠們是在吃草的時候被「殺」的，整個小鎮都被龍捲風撕碎了。這次龍捲風帶走了很多鮮活的生命，只留下了倒塌的房屋、斷成幾截的牆壁。倖存者們都在絕望地尋找他們的親人，絕大多數人都失去了房子，也失去了曾經擁有的一切。

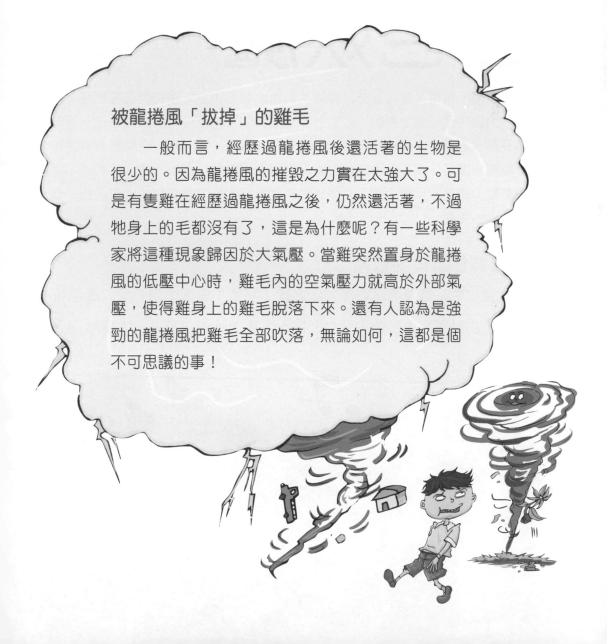

被龍捲風「拔掉」的雞毛

一般而言，經歷過龍捲風後還活著的生物是很少的。因為龍捲風的摧毀之力實在太強大了。可是有隻雞在經歷過龍捲風之後，仍然還活著，不過牠身上的毛都沒有了，這是為什麼呢？有一些科學家將這種現象歸因於大氣壓。當雞突然置身於龍捲風的低壓中心時，雞毛內的空氣壓力就高於外部氣壓，使得雞身上的雞毛脫落下來。還有人認為是強勁的龍捲風把雞毛全部吹落，無論如何，這都是個不可思議的事！

白茫茫的世界，好美……

侵襲祕魯的
白色妖魔

冬天來臨的時候，雪花會一片片降落到大地和高山上，使它們銀裝素裹。雪在我們的眼中是純潔美麗的，恐怕世界上任何的事物都沒有辦法和它比。可是，美只是雪喜歡示人的一面，當大片的雪形成雪崩的那一刻，它美麗背後的恐怖就顯露出來了。領教過雪崩威力的人更願意稱它為「白色妖魔」。的確，雪崩的衝擊力量是非常驚人的，它極快的速度和巨大的力量能夠捲走眼前的一切，包括人的生命。

喜歡突然出現的雪崩

當白色的雪覆蓋了整座大山之後，它並不會像土壤那樣安逸地待在山上。由於積雪內部的內聚力抵抗不了重力牽引，它就會大量地向山下

滑動。冰雪下滑的速度很快，一般12級風的速度為32公尺/秒以上，而雪崩卻能達到每秒近百公尺的速度，因此雪崩比猛獸還要恐怖。

　　雪崩都是從寧靜的、覆蓋著白雪的山坡上部開始的，在它發生前一般不會表現出任何的異樣。不知什麼時候，雪層就會咔嚓一聲出現一條裂縫，緊跟著巨大的雪體便開始滑動。雪體在向下滑動的過程中，會像滾雪球一樣，增大體積的同時迅速獲得了速度。於是，雪體變成了一條幾乎是直瀉而下的白色雪龍，騰雲駕霧，呼嘯著聲勢凌厲地向山下衝去。

　　世界上每年都會發生成千上萬次的雪崩，而每次都會有很多人因此離開這個世界。

先於雪崩之前發生的地震

在南美洲的西部，有一個多山的國家，它的名字叫祕魯。在那裡山地的面積非常大，約占祕魯國家面積的一半以上，而世人皆知的安第斯山脈的瓦斯卡蘭山峰就矗立在此。山峰的山體坡度很大，並且山上總是常年積雪，所以「白色妖魔」總喜歡光臨。那裡曾經發生了一場巨大的雪崩，它將瓦斯卡蘭山峰下的容加依城全部摧毀，使兩萬居民失去了鮮活的性命。

災難發生在1970年5月31日晚，由於祕魯當時十分寒冷，很多人都早早睡下，進入了甜美的夢鄉。在20時30分左右，突然從遠處傳來了雷鳴般震耳的響聲，緊接著大地開始劇烈地顫抖，不一會兒，又傳來了天崩地裂般的響聲，由於響聲太大，把睡夢中的人們都驚醒了。人們並不知道到底發生了什麼事情，可是房屋已經開始東倒西歪、坍塌下來了。這時，人們才意識到地震已經降臨。可是大家還未來得及逃離，就被壓在倒塌的房屋之中……

巨大雪崩的暴發

剛剛遭遇地震厄運的容加依城人，在悲傷中尋找著親人。有的人正準備逃跑，因為實在太害怕災難再次發生了。就在這時，一股巨大的衝擊氣浪迎面襲來，將人們全部撲倒，同時，巨大的冰雪巨龍呼嘯而至。由於速度過快，形成了非常大的空氣壓力，人們還沒來得及逃跑，就被壓在冰雪之下，一層層的雪又使許多人窒息而死。

根據當時的記載：有的人張著嘴，瞪著雙眼而死，彷彿是捨棄不

了現實的世界；有的人抱著頭，蜷縮著身體，好像在祈禱能夠躲過這次災難；只有少數人沒有被冰雪吞沒，雖然逃過災難，卻看不出絲毫的喜悅，只是睜著空洞的眼睛環顧著陌生的一切⋯⋯

地震之後的容加依城所有建築已經東倒西歪了，經過雪崩的衝擊，所有的房屋柱梁都被掀到了河谷裡，殘餘的房頂被扔到了遠處，連殘壁斷牆也被生生地壓倒在地。大雪崩將容加依城的全部都摧毀了，有兩萬居民失去了生命，城外的農田、村莊也被毀於一旦。或許你覺得雪崩的場面很壯觀，而對於祕魯人民來講，這場災難是無窮無盡的悲哀。

因人類而發生的雪崩

在人們眼中，雪崩一直被認為是一種自然災害。其實，它在很大程度上與人類的活動有著緊密關係。據統計，在已發生的雪崩中，有90%都是受害者或者身邊的人造成的。原來人們在參加滑雪等冬季雪山活動中，總會不經意間成為雪崩的導火線。有時候只要一聲吶喊，就可能引發雪層斷裂，從而迅速被冰雪掩埋。當人被埋在雪下半個小時之後，生還的機會就非常渺茫了。

海潮漲得真高……

人類歷史上
最大的海嘯
——智利大海嘯

海嘯，是一種伴隨著巨大響聲的海浪。不過不同於海浪，它的破壞力實在是太強大了。海嘯都是由風暴或者地震引起的，它通常攜帶著巨大的浪濤，猶如奔跑的獵豹，上下起伏不定。有時候大的海嘯可以達到幾十公尺的高度，從遠處看就像一堵堅實的「水牆」，還能夠摧毀陸地上的一切。而人類歷史上最大的智利海嘯，能夠移動上萬公里仍不減雄風，足見它的巨大威力。

上帝創造世界後的「最後一塊泥巴」——智利

智利是一個地形十分特殊的國家，或許因為它是「最後一塊泥巴」的緣故，所以這裡的地殼總不那麼寧靜。關於「最後一塊泥巴」還有一個很有趣的故事：相傳，上帝用泥巴創造世界的時候，剩下了最

後一塊寶貴的泥巴。由於捨不得丟棄它，就隨手將它抹在了南美洲的西部，於是就形成了南北長4270公里、東西寬90～435公里的智利。

智利地處太平洋板塊和南美洲板塊互相碰撞的地帶，並且處於環太平洋火山活動帶上。這樣的地質結構使它的地表非常的不穩定。自古以來智利就是火山不斷噴發、地震頻頻發生、海嘯時時出現的地方。特別是海嘯，總是時時造訪智利和太平洋東岸的一些海濱城市，那裡人們的生活總是不斷受海嘯的干擾，生命安全更是沒有任何保障。

地震先於海嘯降臨智利

1960年5月，海嘯再次降臨到了智利。那是5月21日凌晨，在智利中南部蒙特港附近海底發生了世界地震史上最強烈的地震。智利在這次地震的襲擊下，建築物和房屋有的被震裂，有的則被震塌，變成一片廢墟。向四周望去，整個城市都是混凝土製造的柱子、機械的殘骸以及七零八碎的電線杆……

在經歷地震之後，從災難「魔爪」中逃出來的人們並沒有離開廢墟，他們努力尋找著親人，希望通過自己的努力，給親人生存提供一絲一毫的希望。而躲在海邊的人們幸運地避過了災難，他們很開心自己沒有被死神捉走。可是誰也沒有料到，真正的災難才剛剛開始上演。

一場災難的結束，又一場災難的開始

　　大地震之後，海水迅速退落，露出了從來沒有見過天日的海底，很多魚、蝦等海中動物在海灘上不斷蹦跳著。這時候，有經驗的人們已經感覺到了不正常，開始紛紛向山頂跑去，因為真正的劫難即將發生了。

　　大約過了十幾分鐘，海水突然開始上漲，整個海洋頓時變得波濤洶湧，奔騰的海浪猶如一匹匹駿馬向智利和太平洋東岸的城市、鄉村襲擊而來。那些留在廣場、港口、碼頭和海邊的人們還沒有弄明白到底怎麼回事，便被巨浪所吞噬。由於巨浪的力量實在太大，在這場災難中想求生，實在是難上加難。所有的一切就像變魔術一樣，立即被波濤洶湧的海洋所覆蓋。海邊的船隻、港口和碼頭的建築物也被巨浪擊得粉碎，到處漂著它們的「屍體」……

　　轉眼，巨浪又迅速退去。它所經過的地方，能帶走的都被潮水席捲走了。海灘上一片狼藉，留下了許多還未被海濤帶走的滯留物。淺灘中

漂浮著倒塌的建築碎片、船舶遺骸，還有許許多多人和牲畜的屍體。

　　海潮如此一漲一落，這樣反覆持續了好幾個小時。包括智利在內的很多城市剛被地震摧毀變成了廢墟，又再次遭遇海浪的襲擊。那些被掩埋於廢墟中沒有死亡的人們，還沒來得及逃出，就被洶湧而來的海水淹沒了。在港口的幾艘大船上，有數千人因地震在此避難，但隨著大船被海嘯擊碎，人們頓時就被浪濤全部吞沒，無一倖免。太平洋沿岸以蒙特港為中心，南北800公里，無一例外，幾乎被洗劫一空。

　　就這樣，智利大海嘯被作為典型的特大災難，記錄在歷史的長卷中，時時刻刻向人們「展示」著災難的無情和可怕。

海嘯後，河馬與烏龜成了「忘年交」

　　1歲的小河馬與130歲的烏龜相互依靠，共同生活在一起，這多少讓人覺得不可思議。在非洲的一個公園中，就生活著這樣一對「忘年交」。2004年末，肯亞暴發的洪水淹沒了河馬的棲息地，而緊接著印度洋的海嘯，將一頭僅僅一歲的河馬沖進了印度洋，最後被人們發現並救了起來。被救後，成為孤兒的小河馬與公園中的百年大海龜「一見如故」。不久之後，牠們便形影不離，相依相伴。這段「忘年交」還被拍攝成紀錄片傳遍全世界，成為人類都感動的故事。

泥漿從坡頂沖下，四處流浪⋯⋯

吞噬一切的土石流

提起土石流，你一定會想到大量的泥沙、石塊等固體物質在重力和水的作用下，沿著斜坡突然流動的景象。它就像可怕的猛獸，不但體積龐大，而且「奔跑」迅速，在短短的時間內就能夠吞噬一切，並造成巨大的損失。1985年發生在哥倫比亞的特大土石流，就是這樣的殘忍和絕情。

1985年火山噴發帶來的猛獸

在南美洲哥倫比亞的阿美羅地區，有一個叫做魯伊斯的火山。誰也不會想到，這個被認為將不會有任何「舉動」的「死火山」，竟然有一天會「發怒」，並帶來了更可怕的「猛獸」——土石流，從此給阿美羅地區帶來了巨大的災難。

1985年11月13日夜晚，11點的鐘聲剛剛敲過之後，魯伊斯火山就開始不斷的噴出炙熱的岩漿。由於溫度太高，將山上累積多年的積雪融化，它們順著山脈向下流淌，在流動的過程中不斷積累著泥沙和碎石。如此龐大的土石流猶如脫韁的野馬，向山下奔騰而來。頓時魯伊斯山附近的3條河流就全部被泥漿覆蓋，並且溢出河床，形成了一片黏稠的汪洋。

可怕的泥漿、碎石匯成的洪流很快就向阿美羅襲來。當地居民由於

白天的勞累，早已進入了夢鄉。所以很多人在還沒弄清楚到底發生了什麼事情的情況下，就葬身在10多公尺深的泥漿濁流中。無情的土石流根本不給人們反抗的機會，它將房屋沖倒了，捲走了牲畜，毀滅了阿美羅幾代人努力建造的家園。在短短的8分鐘時間裡，土石流就吞沒了阿美羅，往日幸福安逸的小城變成了一片土石流的汪洋。一個原本充滿生機的小鎮，瞬間即在地球上消失得無影無蹤。那裡的2萬多居民也在這一瞬間成為大自然的犧牲品，倖存者寥寥無幾。

不被土石流打倒的堅強女孩

可怕的災難之神並不僅僅「獨愛」阿美羅，它還以極快的速度向四周擴散。一會兒，奔騰的土石流撲向了附近的村落，農田、林區、工廠等各種公共設施都遭到了大程度的破壞，受災面積以迅雷不及掩耳之勢般擴大。這場土石流奪去了2萬5000人的生命，5000多人受傷，5萬人無家可歸，13萬人成為災民。

　　大災過後，受災地區一片淒慘，阿美羅地區已成為一片泥漿沼澤，只有極少數較高的建築和教堂的尖頂露在泥漿沼澤外。為數不多的人趴在樹上和山丘上，等待救援。氾濫的河水中夾雜了碎石，上面漂浮著一具具屍體。一位到達現場採訪的記者發現一個叫奧馬伊拉的12歲小女孩，她被兩座房脊卡在中間，脊椎被砸傷，已經在泥漿中浸泡了數十個小時。可是疼痛和悲傷並沒有將這個女孩打倒，她堅強的等待救援。雖然不知道親人是否還在這個世界上存活，她依然堅定信念要堅強的活下去。等救護人員趕到的時候，她已在泥漿裡浸泡了60多個小時了。雖然小女孩接受了治療，但還是失去了生命。土石流是可怕的，可是她的這種永不放棄的精神是值得所有人去學習的。

比洪水破壞力更大的土石流

　　洪水已經同野獸一般可怕了，而土石流的威力要比洪水大得多。我們都知道土石流就是一股泥石洪流，一般都是暫態暴發的，並且發生於火山多發的地區。由於它流速快，流量大，破壞力極強，一旦發生，常常會沖毀公路、鐵路等交通設施，因此給人們帶來巨大的損失。

　　現在，人們為了自己眼前的利益，亂砍濫伐，因此增加了土石流發生的可能性，世界上有很多國家都已經存在土石流

的威脅。由於生態環境不斷遭到破壞，土石流造訪人類的次數也越來越多了。其實大自然並不是可怕的，只有在人們傷害它時，它才會用「行動」提醒人類。所以，我們應該付出行動，盡量避免這種悲慘的事情發生。

發生時間最短的土石流

　　高雄市的小林村曾經發生了一次特大的土石流。土石流排山倒海般傾瀉而下，才短短的 5 秒鐘，整個小村就被完全掩埋。據獲救的村民介紹，村裡狀況很慘，全村瞬間被土石流掩埋。由於村子小，土石流嚴重，全村房舍已在「地圖」上消失。直升機前往災區救出了 44 人，但是他們並無劫後餘生的喜悅，因為絕大多數村民都被土石流活埋了。確實，在小林村的 1300 多人中，只有 150 多人躲過這一劫難，其他的人都隨著房屋的坍塌而離開了世界。

黑壓壓的一片，藍天在哪兒？

恐怖的黑色魔鬼
——北美黑風暴

黑風暴是黑色的風暴嗎？其實它只是沙塵暴的一種。它的發生同龍捲風極為相似，都是由於局部地區低氣壓造成的。不過不同於龍捲風的是，黑風暴往往挾著大量的沙土，並且影響範圍也遠遠大於龍捲風。北美洲一直是世界上黑風暴災害最為嚴重的地區之一，而1934年發生在美國西部的這場黑風暴也是近300年來危害最大的一次了。

恐怖「黑色魔鬼」的降臨

1934年5月11日凌晨，一場人類歷史上最大的黑風暴襲擊了美國西部草原。當時的美國已經處於晚春，天氣正在一點點變熱，長時間的陽光照射將大地晒得滾燙。因此，在離地面最近的地方，氣溫不斷升高，從而形成了一個個低氣壓中心。同時周圍的冷空氣又開始迅速湧進，與熱空氣產生了劇烈的對流，這些對流衝擊著沙土直上天空。

此時，一個可怕的黑色魔鬼——黑風暴誕生了。只見草原的上空，黑色狂風遮天蔽日，並且夾雜著大量的泥沙，迅速的擴大並不斷蔓延開……

　　這場黑風暴刮了3天3夜，在這期間人們完全分不出白大與黑夜。它形成了一個東西長2400公里，南北寬1440公里，高3400公尺高速移動的黑色風暴帶，凡是它經過的地方，河水斷流，水井乾涸，大地龜裂，植物枯萎。本來就遭受旱災的小麥大片枯死，很多牲畜因為沒有水活活地被渴死。人們眼睜睜地看著黑色的狂風毀壞身邊的一切，卻沒有半點能力阻止。由於生活環境完全被毀，數千萬人流離失所。風暴從未停止它的殘暴掠奪，它還刮走了肥沃土地上的土壤表層，露出貧瘠的沙質土層，澈底改變了土壤的結構，從而阻礙了災區以後的農業發展。這就是歷史上有名的災難——北美黑風暴。

超強的沙塵暴就是黑風暴

　　當一個地區氣候乾旱、植被稀少的時候，就有可能發生沙塵暴。沙塵暴發生的時候通常會伴有很大的風，而黑風暴就是沙塵暴的一種。黑風暴是一種超強的沙塵暴，它是由強烈的大風和高密度的沙塵混合而成。當它出現的時候，狂風會將沙塵吹成一堵堅實的「牆」，由於發生時周圍能見度極低，就像黑天一樣，因此被稱為黑風暴。

黑風暴一般喜歡在春夏交接之時出現，雖然它的形成與自然有關，但是也離不開人類的眾多行為。20世紀30年代以來，黑風暴便多次侵襲美國。它不但刮走了大量的土壤，還嚴重地影響了人們的生活。很多時候，人們在迫不得已的情況下只能遠離家鄉，留下的只是被風暴侵蝕過的淒涼。

大自然的懲罰——北美黑風暴

為什麼會出現如此猛烈的黑風暴？原來這是大自然對人類的懲罰。為了更好的生活，人們不惜破壞身邊的環境，對土地大肆開墾，對森林不斷砍伐。從而導致了土壤風蝕和連續不斷的乾旱，土地沙化的現象更是越來越嚴重。當人類對自然界越來越不尊重時，大自然也就作出了反應。

如果人類總是這樣一意孤行，不考慮自然存在的意義，那麼大自然就會用它的行動提醒人類要按照客觀規律辦事。也就是說，人類在向大自然不斷索取的同時，還要自覺地保護好自己賴以生存的生活環境。北美黑風暴帶來的災難時刻在提醒著我們：尊重自然的同時，也在尊重自己！

沙塵暴對於生態系統的作用

　　每當提起沙塵暴，人們總會想到它給生活帶來的不便。雖然沙塵暴的危害很大，可是整個沙塵暴的過程卻是自然生態系統所不能或缺的部分。澳洲的赤色沙暴中夾帶著的大量鐵質，已證明是南極海洋浮游生物重要的營養來源，而浮游植物又可消耗大量的二氧化碳，以減緩溫室效應的危害，因此沙塵暴的影響並不總是壞的。如果站在另一個角度上說，沙塵暴也許是地球為了應對環境變遷的一種症候，就像我們感冒時發生咳嗽是為了排除氣管中的廢物一樣。由於沙塵暴多誕生在乾燥高鹽鹼的土地上，它所夾帶的一些土粒當中也經常帶有一些鹼性的物質，所以往往可以減緩沙塵暴附近沉降區的酸雨作用或土壤酸化作用。

天好熱啊，真想到北極去滑冰……

快要將人烤焦的熱浪

每當提起寒冷，人們就會毛骨悚然，大家都會覺得過低的氣溫會將人的手腳凍壞。雖然夏天的溫度很高，但是並不會像寒冷那樣直接傷害人的身體。可是，誰也不會想到，炎熱也能帶來意想不到的災難。

發生在芝加哥的特大熱浪

芝加哥是美國的第三大城市，同時也是美國文化、金融等行業的交易中心。在1995年7月12日至19日，它卻遭遇了特大熱浪的襲擊。當時人們身體感受到的溫度最高達41℃，這些和潮溼汙濁的空氣混合在一起的熱浪，在短短一周之內就造成了700多人死亡。

熱浪帶來的影響實在是太大了，在開始的時候人們都爭相購買空調，都希望以此來降溫。後來空調供不應求，人們又湧向游泳池。隨著時間的推延，人們顯得越來越脆弱，同時正常的生活秩序完全被打亂了。在校車開往學校的路

上，由於溫度過高，很多孩子在車上中暑；在街道上，瘋狂的人們開始打開街道上的消防栓，以噴出的水來降低自身的溫度。這樣的降溫方法導致了城市中很多地方的水壓急劇下降，多處停水，有的居民樓停水達3天之久。同時，電力公司系統崩潰，很多地方沒有了電。

　　等到了7月14日，連續3天的高溫使很多人都病倒了。救護車和急救用的警車、救火車在城市裡穿梭著，很多急診室爆滿，救護車不得不載著病人尋找還能接收病人的醫院。有些獨居的老人在不為人知的情況下孤獨的死去，直到身體腐爛的味道蔓延出來才被發現。暴增的死亡人數給驗屍和停屍的機構帶來了巨大的壓力，載著屍體的警車在停車場裡面排成了隊。存放屍體的冷凍庫不夠，後來還有一個當地的肉產品運輸公司支援了幾輛冷藏車給停屍房存放屍體用。因為這場熱浪，芝加哥曾一度被稱為「死亡城市」。

被熱浪襲擊的幼稚園

　　在芝加哥這座城市中，有一個名為奧蒂茨的婦女，她在自己家裡開設了一個小型的幼稚園。熱浪發生後不久，人們並沒有意識到會有災難降臨，因此她開著自己的大客車，帶著10個孩子去一個有著空調的電影院看電影。看完電影後便開著車送孩子們回到幼稚園。由於

當時溫度很高，每個人都已經筋疲力盡了，孩子們很快就進入了午睡狀態。一個半小時後，她回到車中準備去接其他孩子，當她打開車門時才發現，有兩個男孩被遺忘在了車上，而他們已經死於高溫了。

這樣的慘劇在短短的幾天之內不停地上演，城市中很多停屍房已經沒有了床位。很多屍體被散放各處，雖然已經做了死亡診斷，但因為找不到親屬一直無人認領。很多輛冷藏車停在停屍房的車場，它們被警車、新聞車、殯車、私人車所簇擁著。這些情景出現在電視畫面和報紙圖片上，傳遍了整個世界。熱浪還加劇了長達一年的乾旱，摧毀了整個芝加哥的農業，長期乾旱的天氣導致了當年夏天橫掃黃石國家公園和美國總統山的一場野火，成千上萬的人死於各種因酷熱導致的疾病。

高溫並不全是熱浪引起的

在人們眼中，溫度過高就會引發熱浪，那麼高溫就等於熱浪嗎？其實不是這樣的。當天氣長期保持過度的炎熱，並且伴隨著很高的溼度時就會形成熱浪，它通常會與地區相聯繫。同樣的高溫對於一個較熱的地區來說是正常的溫度，而對一個通常較冷的地區來說可能就是熱浪。高溫一般不會引起人的死亡，而熱浪卻不同於高溫，由於帶有很強的溼度，體質差的老人很容易因為受不了熱浪而死亡。

形成熱浪的直接原因是天氣中出現反氣旋或高壓脊現象，而反氣旋導致氣候乾燥，所以所有的熱浪都會

導致氣溫升高，並且溼氣不
會減少。高溫同熱浪是互
為因果的關係，高溫就是熱
浪的結果，熱浪是高溫的原
因。所以不是所有的
高溫都是熱浪
引起的。

將世界上最大蛋糕烤化的熱浪

在法國的巴黎，曾有一個世界上最大
的蛋糕。因為有展出活動，所以人們便將
這個 7.8 公尺高的大蛋糕推到戶外。可是
出乎意料的是，在連續高於 30℃ 的高溫熱
浪炙烤下，蛋糕展出了一天就開始變軟融
化了。後來人們迫於無奈，只能將這個世
界上最大的蛋糕拆除。

當時的景象好恐怖

地球霸主
恐龍的滅亡

要說到地球陸地上曾經出現的最大動物，那就一定非恐龍莫屬了。最大的恐龍身高達到10多公尺，而我們人類站在牠們的腳下，恐怕就和一隻螞蟻差不多大了。可是這樣巨大的動物，也會消失得無影無蹤，因此我們不得不說，恐龍的滅亡是整個地球發展史中的重大災難。

統治了地球1.6億年的恐龍

大約在2.5億年以前，那時候的地球上還是一片溫熱，巨大的蕨類植物遍布世界上的每一個角落。而恐龍的祖先，就是誕生在這樣的世界裡。當時有一種叫做派克鱷的爬行動物，科學家們相信牠就是恐龍的直系祖先。不過派克鱷的身材並沒有牠的後輩們那樣高大，牠們的身體只有大約60～80公分長。小小的身子拖著一條長長的尾巴，雖然長著一雙稍微比前腿長一些的後腿，但是在平常的情況下，牠們還是4條腿一起放在地上行走著。只有在遇到危險或者需要快速捕食的時候，牠們才會像人一樣直立起身體，用那雙稍長的後腿急速奔跑。

隨著時間的推移，這些派克鱷和牠們的親屬就進化成了恐龍。然後又經過幾百萬年的演化，恐龍的身體更加高大，種類也漸漸地增多了。牠們已經不再局限於一個地區生活，開始將足跡蔓延到地球上的每一個

角落。在天空中，有長著堅硬的嘴巴，像蝙蝠一樣飛行的翼龍；在海洋裡，有像海豚一樣長著長長嘴巴的魚龍和有細長的脖子、體形卻和烏龜很相似的蛇頸龍；而在陸地上，則有地球上最大的陸生動物巨體龍和凶殘的霸王龍等等。在當時的地球上，恐龍家族們繁榮昌盛，直至6500萬年前的物種大滅絕，牠們統治了地球長達1.6億年的時間。

蜥腳類恐龍盛行「速食文化」

　　在動物界中有著這樣一個定律，就是體型越大的動物，在進食上花費的時間就越多，就好比現在的大象，牠們每天要吃上18個小時才能滿足身體需求，那麼如此一來，比大象要大得多的蜥腳類恐龍，要怎樣進食才能滿足自己身體的需求呢？科學家經過研究得出了結論，蜥腳類的恐龍之所以能長成那麼大的身體，完全得益於牠們的「速食文化」——首先，這些蜥腳類恐龍在進食的時候只吞不嚼，這樣一來，就大大縮短了進食時間；其次，由於蜥腳類恐龍的身軀巨大，每天都需要大量的熱量來提供給身體的各個器官，因此牠們吃的是一種含熱量非常高的木賊屬植物，但是這種植物含有大量的矽酸鹽，對牙齒的磨損相當大，所以恐龍只吞不嚼對牙齒有著很好的保護；另外，有咀嚼習慣的動物需要強有力的臼齒和肌肉組織，這樣一來，就不可避免地將導致

頭骨變大。而只吞不嚼的習慣讓蜥腳類恐龍的頭部相
對較小，有利於頸部變長，從而更利於四處覓食，
吃掉更多的食物，以此來保證自己的身體需
要。因此，這些高大的恐龍就是依靠這種
方式生存在那個遙遠的年代，直到災難
的到來。

來自外太空的恐龍終結者

　　曾經統治了地球上億年的恐龍為什麼會突然滅絕了呢？科學家提出
了各種各樣的假設和猜想，其中有一個主要觀點就是「隕石（小行星）
撞擊說」。按照這種說法，在6500萬年以前的某一天，當地球還沉浸在
一片安詳和諧的氣氛中時，突然一道刺目的亮光畫過天空，那是一顆直
徑大約10公里左右的小行星，面積甚至比一座小縣城還要大。這顆巨大
的天外來客並不是帶著友好的態度來訪問地球的，而是用一種比聲音還
要快100多倍的超高速一頭紮進了大海之中，在海底撞出了一個直徑超過
100公里的巨大深坑。不僅如此，這次猛烈的撞擊還引發了比汶川大地震
還要厲害百倍的強烈震盪，幾乎使地球的每一個角落都在不停地搖晃。

　　隨後，強烈的地震掀起了高達5000公尺的大海嘯，
無情的海水橫掃向陸地，沖毀了一切。無數巨大
的植物被連根拔起，數以億計的動物在海水中撲
騰掙扎著。與此同時，隕石的撞擊還引發了強烈的
火山和地殼活動，在大規模的火山噴發中，大量的火山灰被拋向

空中，遮天蔽日，讓整個地球陷入了一片黑暗之中。由於陽光無法照射到地面上，導致氣溫驟降，永無止盡的大雨、山洪和土石流將地球上的大部分生物都掩埋了。就是現在，當我們再次挖開那個年代的地層時，依然能從那些被嚴重扭曲的骨架化石，以及地層中富含的高濃度隕石元素感受得到當時的恐怖景象。而當時地球的統治者恐龍，就是在那場災難以後消失得無影無蹤的。

恐龍一直飛翔到今天

　　1861 年，當人們在德國挖掘出距今約 1.4 億年的始祖鳥化石時，就發現它膨大的腦顱、布滿牙齒的嘴、長長的尾椎和仍有保留的前爪等一系列的身體結構。這種結構與當時一種叫做美頜龍的恐龍有著驚人的相似。而到了 1996 年 6 月，人們在巴塔哥尼亞挖掘出了距今約 9000 萬年的恐龍化石，驚訝的發現，這種恐龍竟然只有兩條腿，並且還能像鳥類一樣自如地折疊收起自己的前臂，就好像翅膀一樣。不僅如此，就是在現代，我們依然可以在鳥類的早期胚胎中尋找到當年恐龍的點點蛛絲馬跡。綜合這些因素，就有許多古生物學家相信，在 6500 萬年前的災難中，恐龍並沒有完全滅絕，而是以鳥類的身分一直飛翔到今天。

隨時噴發毒氣

噴發致命毒氣的 尼奧斯火山湖

提到火山湖，大家會覺得它一定和火山有關，事實也確實是這樣。當火山噴發後，因為火山裡的大量浮石被噴出來還有揮發性物質的散失，就會引起頸部塌陷形成漏斗狀窪地，於是便形成了火山口。後來，不斷的降雨、積雪融化或者地下水的滲入，使火山口逐漸儲存了大量的水，水越來越多就形成了火山湖。

風光秀麗的尼奧斯火山湖

在離喀麥隆首都雅恩德300公里遠的地方，有一個名叫尼奧斯的火山湖。它就是火山噴發後逐漸積水形成的。在尼奧斯湖畔有一座活火山，叫做阿庫火山，雖然已有百餘年沒有噴發，但卻一直慢慢地從湖底的火山裂縫中散發出二氧化碳，並慢慢滲入尼奧斯火山湖中。

在喀麥隆，像這樣的火山湖共有幾十個。因為火山湖的周圍風光十分秀麗，所以愛好旅遊的人們都喜歡去欣賞火山湖與眾不同的美。湛藍的天空，波光閃閃的湖水，倒映在湖水中的青山和綠樹，讓遊客們流連忘返。可是人們沒有想到，在尼奧斯火山湖的湖底，正發生著化學反應。微妙的化學平衡使含有大量碳酸氫鹽的湖水處於湖的最底層，而碳酸氫鹽素來不穩定，如下雨的時候，雨水進入到湖中，使得湖水出現攪動，那麼碳酸氫鹽的深水就會上翻，釋放出大量的有毒氣體。然而，美麗的尼奧斯火山湖看起來是那樣溫柔平靜，它似乎從未想要向人們展示自己的另一面。人們誰也沒有想到，尼奧斯火山湖會突然卸下它偽裝的面具，露出了本來凶狠的面目。

突發的毒氣襲擊了尼奧斯湖畔的村落

1986年8月21日晚，尼奧斯湖的水面上吹拂著陣陣微風，人們正在酣睡之中，突然一聲巨響畫破了長空。從湖底噴發出的大量有毒氣體猶如氾濫的洪水，沿著山的北坡傾瀉而下，向處於低谷地帶的幾個村莊襲去，而那時候的人們早已進入了夢鄉……

等到第二天的清晨，依然可以看到美麗的喀麥隆高原。不過水晶藍色的尼奧斯湖卻變得一片血紅，它就像腐爛了的紅色眼睛，

在旁邊的草叢裡到處躺著死去的牲畜和野獸。向湖畔的村落裡望去，房舍、教堂、牲口棚都完好無損，可是街上卻沒有一個人走動。走進屋裡，卻看到了令人震驚的一幕：到處都是死人。

死者中有男人、女人、兒童，甚至還有嬰兒，他們的姿勢各異，看起來就像在沉睡中一樣。

人們從倖存者的口裡知道了慘案發生的經過。原來那天晚上一聲巨響之後，一股幽靈般的圓柱形蒸氣就從湖中噴出，整個湖水一下子沸騰了起來，掀起的波浪襲擊湖岸，直沖天空，高達80多公尺，然後又像一柱雲煙注入下面的山谷。這時，一陣大風從湖中呼嘯而起，夾著使人窒息的惡臭將這朵煙雲推向了四周的小鎮。

在這場災禍中，至少有1700多人被毒氣奪去了生命，大量的牲畜喪生。特別是加姆尼奧村，它離火山湖最近，受災也最為嚴重。全村650名居民中，僅有6人倖存。

大自然回饋我們人類的「禮物」

在這場災難之後，喀麥隆政府向國際社會發出緊急求救呼籲，全世界很多國家的專家、醫生紛紛趕到喀麥隆尼奧斯火山湖附近的受災區，人們竭盡全力搶救每一個尚存一息的受害者。

在控制住災情後，科學家又將各種先進儀器運抵尼奧斯火山湖邊，試圖解開尼奧斯火山湖毒氣殺人之謎。尼奧斯火山湖噴出的氣體是什麼毒氣？經過論證，大家都認為：尼奧斯火山湖噴出的氣體是由一氧化碳、二氧化碳、硫化氫混合而成的毒氣，這種混合毒氣一經擴散，可在短時間內造成大範圍殺傷。

在科技進步的今天，人們為了自己的私欲在侵害著大自然的「權利」，人們在向自然界索取的同時，也遭到了大自然無情的報復。湖底毒氣這種自然造成的突發性災難，也讓人類見識到了大自然回饋來的「禮物」。人們是否應該在這場災難後仔細思考應該怎樣珍惜自然了呢？

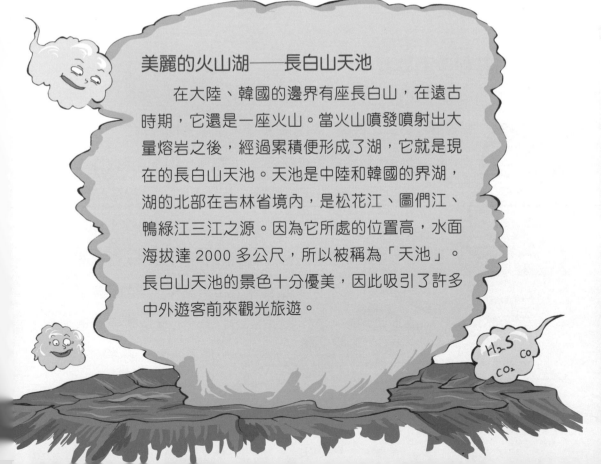

美麗的火山湖──長白山天池

在大陸、韓國的邊界有座長白山，在遠古時期，它還是一座火山。當火山噴發噴射出大量熔岩之後，經過累積便形成了湖，它就是現在的長白山天池。天池是中陸和韓國的界湖，湖的北部在吉林省境內，是松花江、圖們江、鴨綠江三江之源。因為它所處的位置高，水面海拔達 2000 多公尺，所以被稱為「天池」。長白山天池的景色十分優美，因此吸引了許多中外遊客前來觀光旅遊。

一瞬間的事！飛機支離破碎……

離奇的
狄斯阿波空難

人們對天空總是充滿了幻想，就好像在那片神奇的國度之中，有著你意想不到的一切。可是自從1903年第一架飛機從萊特兄弟手上研製出來以後，空難就好像魔鬼一樣，總是不斷的搶占著各大報紙的頭版頭條，甚至還有許許多多無法理解的空難懸案，而其中最讓人不可思議的，就是發生在1944年9月18日的狄斯阿波空難了。

莫名其妙中斷聯繫

根據記載，在1944年9月18日這一天，有一架C-47訓練機從美國亞歷山大群島上的艾勒蒙多夫空軍基地起飛，去執行一項飛行任務。它在途中將經過塔肯拿山，最終進入北極圈內，前往阿拉斯加的安德魯空軍基地，航程大約在1600公里左右。C-47訓練機上的柯勒機長是艾勒蒙多夫空軍基地首屈一指的飛行專家，這樣的飛行對於他來說是再簡單不過的任務了，況且這一天還是晴空萬里，是最適合飛行的好天氣。

傍晚，C-47訓練機載著19人順利地升上了天空，按照指定的航線飛行著，並定時向地面的航空站做情況報告。所有人神色輕鬆，因為最多三、四個小時以後，他們就可以吃到阿拉斯加的特產了。當然大家都把這一次飛行當成了一次特別的旅遊，C-47訓練機每隔一段時間就會與地面航空站聯繫一次，可當飛機起飛以後半個小時，當飛機上的柯勒機長向地面航空站報告完自己正在飛越大約3000公尺高的塔肯拿山以後，就再也沒有C-47訓練機的報告了。也就是說，C-47訓練機與地面航空站之間的聯繫，突然中斷了。

破碎的機身，扭曲的殘骸

當C-47訓練機聯繫突然中斷的時候，地面航空站的值勤人員立即感覺到了一絲不妙的氣息，於是立即將C-47訓練機失去聯繫的消息通知了美國空軍的有關部門。接到報告的美國空軍和民航應急營救機構，即刻便派出了營救直升機前往塔肯拿山區進行搜索。不久之後，就在離塔肯拿山不遠的狄斯阿波峰的懸崖峭壁上，發現了C-47訓練機的殘骸。但由於在陡峭的懸崖上找不到一處可以停泊直升機的平坦空地，而那個時候的直升機又沒有懸停的能力，不能在空中用繩梯放營救人員下去。因此，他們只能在拍攝了一些空難現場的照片以後就返航了。

通過照片人們可以看到：被擠壓得完全變了形的飛機殘骸，壓成扁平狀的機翼之前的機身，散落一地的機翼和其他被撞碎了的飛機零部件，被擠破但是卻並沒有發生爆炸的油箱。這一切，都被深埋在由於撞擊而引起的小範圍坍塌的積雪之中。

　　C-47訓練機的柯勒機長是一位有將近2000小時飛行經驗的老機長了，在美國空軍中知名度很高，像這種在晴朗的夜空中莫名其妙偏離航線，從而撞到山峰上，造成機毀人亡的低機率錯誤，簡直就是不可思議。可是後來，當搜索調查隊帶著一切必備的物資，以徒步的方式到達現場時，卻發現了另一件不可置信的事情。

像空氣一樣消失的人

　　像這樣機毀人亡的航空事故並不是沒有發生過，而且又是在氣候這樣惡劣的山區之中，沒有人對C-47上的成員抱有一絲的倖存希望。搜索調查隊的任務也僅僅只是找到那遇難的19具屍體以及他們的遺物，將他們完好無損地帶回去，以撫慰他們親人痛苦的心靈罷了。然而，當搜索調查隊的隊員們拆開飛機的殘骸，進入到內部的時候，卻只見到了一些被壓扁了的座椅和一些沒有死死扣住的安全帶，那些原本應該坐在椅子上的人都失去了蹤影，現場沒有留下任何的屍體碎片或者是血跡，甚至連他們隨身攜帶的背囊行李也都不翼而飛了。

隨後，搜索調查隊開始清查那些散落在附近的飛機碎片，結果發現飛機上所有的裝備都可以在四周找到，但就是沒有那19名成員和他們背包行李的任何痕跡。緊接著，隊員們進一步擴大了搜索範圍，甚至把飛機墜毀懸崖旁邊的所有冰封裂谷都找了個遍，卻仍然一無所獲。那麼，飛機上的19名成員以及他們的背囊行李究竟到什麼地方去了呢？至今仍無人知曉，以至於狄斯阿波空難成了人類歷史上一樁最大的懸案。

與我們的世界共同存在的四維空間

對於離奇的狄斯阿波空難，有人提出了四維空間論的猜想，認為目前人類只是認識了我們生存的三維空間而已，對神祕的四維空間還一無所知，眾所周知，一維空間就是一條直線，二維空間是由長和寬組成的一幅平面，而三維空間則是由長、寬、高組成的立體世界，四維空間就是在我們三維空間的基礎上，加入一條時間軸而形成的奇異世界。四維空間論的觀點認為：其實世界上的一切都可以進入到那個神奇的四維空間中去，從而離開我們所能感知到的世界，從我們的視野中完全地消失不見，就好像鬼魂一樣。

湖底都乾涸了，下一場雨吧！

正在消失的鹹海

任何事物都有它內在發展的規律，就像一棵小樹，如果給它充足的養料，或許它會順利長成一棵參天大樹，可以不斷的為我們人類提供氧氣。但是如果在它成長的過程中，你破壞了它的根和枝，相信它很快會因為得不到營養而死掉。其實現在的鹹海就同這棵小樹一樣，因為很多的外在原因，身為世界第四大水體的鹹海竟然要慢慢消失了。這不僅是鹹海的悲哀，也是我們人類的災難。

曾經是世界上最大內陸湖的鹹海

提到鹹海，你一定會問，鹹海的水很鹹嗎？答案是肯定的，因為湖水的蒸發量遠大於流入量，所以相對於淡水湖，鹹海的水要鹹很多。它地處於哈薩克和烏茲別克斯坦之間，是一個內流鹹水湖。而阿姆河和錫爾河就像它的兩位母親，在不斷的供給鹹海水源。當然，鹹海曾經是世界上最大的內陸湖。

鹹海曾經有過非常輝煌的時期，當時沿海的漁業非常發達。在那裡有數萬人從事這方面的工作，可以說那時候人們的生活和工作都離不開它。

可是，人們並不懂得感恩和滿足，總是將阿姆河和

錫爾河的河水大量用於農業和工業，所以流入鹹海的水越來越少了。而鹹海本身的鹽分又很高，水分蒸發的速度也很快，就這樣，鹹海開始一點點地變小了……

無法阻擋鹹海的乾涸

　　1960年，鹹海還是一個大湖，當時的面積是6.8萬平方公里。那時候的人們依靠它幸福地生活著。可是隨著時間的推移，它開始逐漸縮小了。到了1987年，原來的大湖中間開始乾涸，分成了兩個部分：北鹹海和南鹹海。到1998年以後，鹹海已經縮小到了2.9萬平方公里，並且被分割成了兩個小湖。曾是世界第一的大湖已經淪為了第八大湖，而它的含鹽量卻變成了原來的4倍。在2003年的時候，南鹹海又分成了東鹹海和西鹹海。往日的鹹海已經不復存在，漸漸地，鹹海只剩下1.7萬平方公里了，成了由3個小湖組成的湖群。到了2007年，3個小鹹海的面積綜合起來只是鹹海原來的10％。雖然水量在不斷的減小，可是含鹽量卻在不斷的增加，湖中的魚大多數都鹹死了，剩下的只有鹹魚了。

　　科學家發現，每年都有一定量的地下水湧進鹹海，豐富的地下水量出乎專家的預料，但這也沒法阻止鹹海的乾涸。根據現在的資料估計，東鹹海將會在15年內消失。隨著湖水蒸發量持續增加，西部預計會在10年內乾涸。往日熱鬧的鹹海已經成為了歷史，人們只能眼睜睜地看著它一點點消失，最後退出人們的視線。

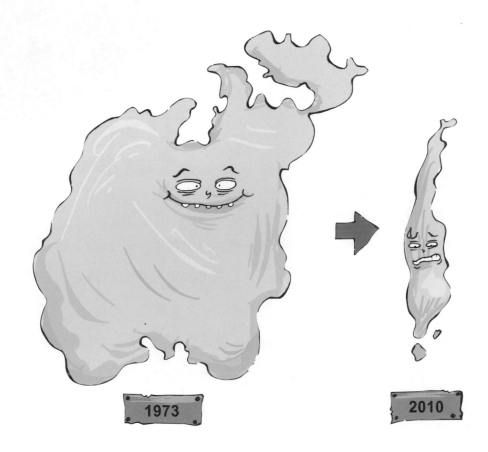

是誰向鹹海伸出了罪惡之手？

　　為什麼鹹海在不斷的縮小，是誰向它伸出了罪惡之手呢？原來，在20世紀初，剛成立的蘇維埃政府就想將鹹海南部的阿姆河和北部的錫爾河改道，來灌溉水稻、棉花等農產品，人們稱這個計畫為「棉花計畫」。不過，水渠的品質很差，有很多水蒸發和洩漏，白白地浪費了。

　　漸漸的，鹹海水平面以每年20公分的速度開始下降；到了20世紀70年代，速度已經到了每年50～60公分；到了20世紀80年代，速度達到了每年80～90公分。棉花的產量在湖水的灌溉下每年都在增加，可是「鹹

海」已經不復存在了。就是因為這樣過度的取水，才給鹹海帶來了如此大的災難，而人們看似並不知道悔改，認為鹹海本身就會消亡，與其眼睜睜地讓它蒸發掉，不如好好地利用這些水。

鹹海引來的災害

原來的鹹海是人類最親密的伙伴，人們的生活是離不開它的，可是在它受到了「傷害」之後，開始不斷用「行動」來回饋我們人類。

由於湖水不斷的蒸發，鹹海開始大面積地乾涸，此時湖底鹽開始裸露。在風力的作用下，大量的鹽鹼開始撒向周圍地區，使鹹海周圍地區逐漸沙漠化。流沙的發展越來越快，於是就形成了含鹽量很大的風暴和鹽沙暴。每年發生這種沙暴的次數都在增加，有上億噸的有毒混合物從鹽床上刮起，吹向碧綠的草原，吹向城鎮，也吹向覆蓋了阿姆河河谷肥沃的農田。

乾枯、乾渴、乾裂堆積在一起

禍患無窮的旱災

烈日炎炎，大地龜裂，一條條黑色的裂痕就像蜘蛛網一樣鋪滿了整個地面。農田裡一片荒蕪，原本應該欣欣向榮的農作物此刻卻低著頭，彎著腰，整個軀體一片枯黃，那枝頭的果實也變得十分乾癟。看到這些情況，我們不禁感慨旱災又來了。

顆粒無收的災難

一般來說，春夏超過半個月沒有任何降雨，或者秋冬超過一個月沒有任何降雨的話，就可以稱為乾旱了；而如果春季連續無降雨的天數超過了兩個月，夏季超過了一個半月，秋冬季超過了三個月的話，那麼，這就形成了特大乾旱。一旦一個地區開始了特大乾旱的話，那麼乾涸的湖泊、斷水的河流、乾裂的土地、枯黃的植物和屍橫遍野的動物將會變得隨處可見。

眾所周知，旱災之所以會出現，就是因為缺少生命之源——水。世界上的生物都離不開水，而我們人體細胞的重要組成部分也是水。人如果不進食的話，興許還能撐上一、兩個星期，但是如果沒有水的話，

最多也就只能活幾天。對於植物來說，水的需求甚至超過了我們人類。因此當旱災發生的時候，植物體內的葉綠素會因為缺少水分而無法進行光合所用，從而無法得到生存的養分，這樣它們只能活活被「餓死」。因此，我們總是能在旱災的地區看到大片枯黃的田地。由於農作物的死亡，將導致人們顆粒無收。

讓人飢餓到吃蠕蟲的非洲大旱

在20世紀70年代到80年代的非洲撒哈拉以南地區，曾經發生過非常嚴重的旱災。那次旱災波及範圍極廣，囊括了36個國家，受災人口將近1億人，而因此累積的死亡人數多到無法計算。在乾旱的不斷蔓延下，糧食的產量也在不斷的下降，據統計，僅在1984年，整個薩赫勒地區的糧食產量就

比同期年份減少了50％左右，而一些受災最嚴重的地區，糧食的減產甚至達到了80％以上。

在乾裂的大地上，隨處可見一群群沿路乞討的飢民。他們骨瘦如柴，痛苦的在死亡線上掙扎；他們衣衫襤褸，腳步就好像灌了鉛一樣的沉重；他們步履蹣跚，彷彿隨時都可能倒下。在路邊隨時可以看到累積在一起的屍體。經過旱災「洗禮」的人們實在太飢餓了。因此不管是樹皮還是草根，就連那令人惡心的蠕蟲，他們都能狼吞虎嚥，甚至在有些地方，還發生了人吃人的慘劇。在一張被刊登在各大報紙的照片上，我們看到了這樣的一個孩子，他依偎在母親的懷中，全身沒有一絲的血色。瘦弱得皮包骨頭，就跟那些從墳墓裡挖掘出來的木乃伊一樣，看起來真是令人難過。

死亡無數的歷史悲劇

其實像非洲薩赫勒地區這樣的旱災，並不是獨一無二的。在世界權威機構統計的20世紀發生的十大自然災害中，還有4次可以與之比肩的大旱，其中3次是發生在大陸。1920年，大陸北方大旱，山東、河南、山西和河北等省遭受了將近半個世紀未遇的特大旱災，受災民眾超過2000萬，死亡人數超過了50萬；1928～1929年，陝西大旱。全境有將近1000萬人受災，其中高達1/4的受災民眾因此喪生。1943年，廣東大旱，許多地方從年初開始，已經連續兩個月沒有下雨了，因此造成了嚴重的糧荒，在一些災情十分嚴重的村子，人口損失過半。而在更久之前，在唐朝的天

寶末年，也就是西元8世紀中期，由於連年大旱，導致瘟疫橫行，使得全國的人口驟降了2000多萬。在明朝的崇禎年間，華北和西北發生了連續14年的特大乾旱，當時的著名文人也因此留下了「赤地千里無禾稼，餓殍遍野人相食」的千古名句，講的就是在當時的田野裡根本看不到莊稼，因為飢餓而死的人漫山遍野，甚至還發生了人吃人的慘劇。

被旱災毀滅的古希臘邁錫尼文明

在希臘首都雅典西南方向 100 公里的地方，曾經有一個繁榮了幾個世紀的邁錫尼文明。這個邁錫尼文明開始於西元 16 世紀左右，是整個西方愛琴文明青銅時代的代表。邁錫尼人不僅發明了一種現在還不為人知的線性文字，而且還建造了高大的城堡和璀璨的文化，即使是在現在，人們對於邁錫尼文明的遺址還是充滿了震撼。然而就是這樣一個文明，卻因為連年旱災導致的饑民暴動而淪為了一片廢墟，最終被外族入侵，導致了邁錫尼文明的終結。

一群小小的蟲子也會造成災難

埋葬村莊的 阿非利加毛蟲

在非洲的東部沿海、赤道以南的地方，有一個世界上不發達的國家——坦尚尼亞。那裡終年溼熱，並且覆蓋著大片的原始森林和熱帶草原。由於人跡罕至，致使那裡仍然生活著許多不可思議的生物，例如阿非利加毛蟲，不知何時，牠們就會給那裡的人們帶來無法想像的災難。

黑色洪流發出沙沙聲

阿非利加毛蟲和牠的近親毛毛蟲一樣，都是一根指頭粗細的小動物。牠們平時生活在荒無人煙的原始森林之中，以植物的葉子為食。雖然外表看上去很不起眼，可是如果這樣的小身軀成千上萬地聚集在一起，就會像蝗蟲災害一樣可怕。

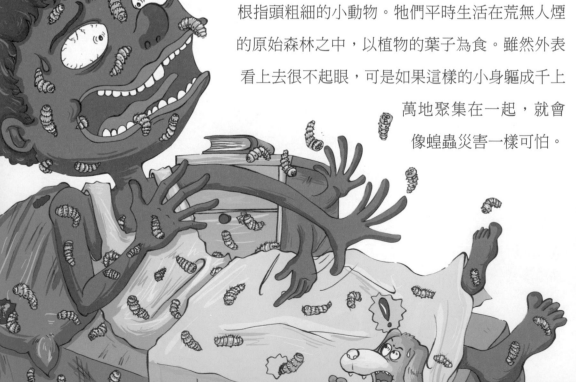

　　1984年夏天的一個夜晚，在坦尚尼亞西部馬加拉河畔的一個小村莊，四處安靜極了。在外勞作了一天的人們正沉睡在香甜的夢中。突然，一種奇怪的聲音從遠處傳來，「沙沙沙沙」的，就好像是從天而降的雨水聲。許多人在第一時間被驚醒了，可是他們並沒有太在意，因為下大雨在這裡是一件太過普通的事情。可是聲音在越變越大，從開始的隱隱約約到近在耳邊，人們終於感覺到事情的不對勁。當有人打開窗戶的時候，不由自主地大聲尖叫了起來，因為在窗外，有一條綿延10公里左右的黑色「洪流」，牠正在以極快的速度向村子的方向席捲而來。而那種「沙沙」聲，顯然是從這條黑色「洪流」中發出的。

吞噬一切的阿非利加毛蟲

　　「阿非利加毛蟲！這是地獄惡魔的寵物阿非利加毛蟲！」

　　不知是誰這樣高聲尖叫了起來，似乎想喚醒整個村莊的村民。可這樣的想法無疑是極其奢侈的，因為這些毛蟲的推進速度實在是太快了。就在發現情況的村民大叫著打開房門的時候，一大群的毛蟲編隊已經無比興奮地衝了進來，並迅速爬上了他的身體。它們張開尖銳的顎噬咬他的肉皮，那個人疼痛得想要高聲尖叫，但是已經不可能了。因為就在他張嘴的瞬間，一大堆的毛蟲就已經鑽滿了他的口腔、鼻孔以及身上每一個有洞的地方。因此不久之後，他就窒息而死了。

　　當然，這樣的慘劇並不只有一例，在小村的每個角落，都發生著這樣的災難：有些人就像跳霹靂舞一樣在地面上蹦蹦跳跳，同時雙手不斷的在身上擊打著，試圖要把爬到身上的毛蟲給打下來。可惜，都是

徒勞。隨著越來越多的毛蟲出現，人的身上就像包裹上了一層厚厚的毛毯。漸漸地，他的掙扎越來越小了，就這樣倒在了地上。有些人想爬到樹上，還有些人想要跳進河裡去，可是他們最終都沒能逃過阿非利加毛蟲的魔爪，這數以億計的小毛蟲肆虐在整個姆拉尼村，無情地吞噬著村莊的一切。

村莊慘不忍睹，屍體血肉模糊

姆拉尼村的慘劇不知進行了多久，數不清的阿非利加毛蟲吃遍了村莊的每一個角落，不管是在村莊裡的樹上、房子上還是地面上，都充斥著牠們那讓人頭皮發麻的咀嚼聲。就在這一刻，這些身材臃腫的小毛蟲們，化身成為了最可怕的劊子手，將死神的恐怖，演繹得淋漓盡致。

由於地處偏僻，因此在一個
星期以後，當一個在外的姆拉尼
村村民回到村子的時候，才發現
這裡發生的慘劇。於是，他立即報警，不久之
後，員警匆匆忙忙地趕到現場，不過只看到一
些坍塌的房屋和散落一地、血肉模糊的人和牲畜的屍體。經過
清點，員警們最終只得到了700多具屍體，而整個村子再沒有其他的活物
了。由於氣候的溼熱，這些屍體早已腐爛，為了避免瘟疫的發生，員警
最終決定將整個村子付之一炬。於是，這個原本安靜的小村莊，就在一
次蟲災之後，徹底地消失了。

被吃掉的德國精銳部隊

　　在非洲有許多凶猛的小動物，除了埋葬村莊的阿非利加毛蟲之外，
還有另外一種吃人的螞蟻。據說在第二次世界大戰期間，德國的著名將
領隆美爾在節節敗退於英國軍隊之後，為了挽回敗局，便派出一支大約
1800人的德國精銳部隊長途跋涉，企圖穿越非洲的原始叢林，突襲英
軍後方。然而讓人意外的是，這支部隊才出發3天，就再也沒有了任何
的信號。當隆美爾派出另一支部隊深入叢林去搜尋時，卻在一個不知名
的湖邊找到了散落著的一具具慘白的骨架，其中包括皮肉、毛髮在內的
所有含有蛋白質和纖維的物品統統消失了，而武器、眼睛和手錶等金屬
物品則完好無損。經過進一步的勘察，除了骨架之外，那裡還散落著大
量體形巨大的蟻屍，顯然，這些螞蟻就是劊子手。

簡直是海上墓地……

發生在百慕達海域的神祕災難

我們生活的世界不但絢麗多彩，而且充滿神祕。在世界上就有很多古怪的地方，凡是涉足到那裡的人，不是會遭遇千奇百怪的現象，就是莫名其妙的失蹤或者死亡，而百慕達海域就是這樣一個既神祕又恐怖的地方。在那裡，無時無刻不發生著令人費解又無法想像的災難。

神祕的百慕達三角海域

百慕達三角海域就是所謂的百慕達三角，它北起百慕達群島，西到美國佛羅里達州的邁阿密，南至波多黎各的一個三角形海域。在這片面積達100多萬平方公里的海面上，從1945年開始數以百計的飛機和船隻在這裡神祕的失蹤。當然，這些失蹤事件不包括那些機械故障、政治綁架和海盜打劫等，因為這些本不屬於那種神祕失蹤的範疇。由於災難一件接一件的發生，人們賦予這片海域以「魔鬼三角」、「海輪的墓地」等稱號。這些稱號反

過來又襯托了這裡特有的神祕且
恐怖的氣氛。

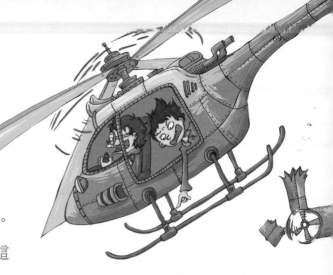

　　現在，百慕達三角
已經成為那些神祕的、
不可理解的各種失蹤事件的代名詞。
在我們熟悉的地球上，怎麼獨獨有這
麼一個神奇而無法解釋的角落？怎麼會發生一連串不可思議的事情？究
竟是什麼在百慕達三角作祟呢？

莫名其妙的恐怖災難的發生

　　20世紀以來所發生的各種奇異事件，最讓人費解的大概就要算發生
在百慕達三角的一連串飛機與輪船的失蹤案了。

　　1971年10月21日，一架滿載著冷凍牛肉的運輸機「超星座號」從百
慕達的空中飛過，當時正有一艘探測船在海面上工作。船上的船員們眼
睜睜地看著它飛行了1分鐘左右，突然，像海面上有個巨大的隱形「巨
人」伸出手一般，飛機就迅速地被「拽」入海中。事後，船員們什麼都
沒有看到，既沒有發現飛機洩漏的油劑，也沒有看到任何飛機殘骸和人
的屍體。唯一能夠證實飛機曾經存在過且失蹤的就是海面上漂浮的那塊
還帶著血的牛肉。

　　「超星座號」飛機的失蹤，只是這片神祕海域許許多多起失蹤事
件之一。據統計，從1840年以來，在這片神祕的海域上空就有100餘
架飛機失蹤，而這裡消失的船隻數量更多。這些所有遭遇莫名災難的

飛機和船隻共同點就是：完全沒有線索。任何船隻、飛機和人員，只要是在百慕達三角海域失蹤的，就甭想再找到倖存者和任何殘骸，所謂神祕就在這裡。這片被世人稱作「海上墓地」的地方，被越來越多的科學家關注起來。

被稱為魔鬼三角的百慕達

「魔鬼三角」百慕達，難道真的有魔鬼存在，才引發一次次災難的發生嗎？不過，到現在人們依然沒有找到確切的答案。有人認為這些失蹤不屬於自然範疇，是有外星人在作怪；還有人認為是自然原因造成的。不過到底是什麼原因，還有待於考察。

最近，英國地質學家提出了新的看法，他認為造成百慕達三角經常出現沉船或墜機事件的凶手是海底產生的巨大沼氣泡。在考察過程中，人們在百慕達海底地層下面發現了一種由冰凍的水和沼氣混合而成的結晶體。當海底發生猛烈的地震活動時，被埋在地下的塊狀晶體被翻了出來，因外界壓力減輕，便會迅速汽化。大量的氣泡上升到水面，使海水密度降低，失去原來所具有的浮力。如果這時候有船隻經過，就會像石頭一樣迅速沉入大海；如果此時正好有飛機經過，

沼氣和灼熱的飛機發動機正好相遇，就會立刻發生燃燒、爆炸。儘管這個看法很合理，不過還沒有得到證實。

消失多年的人，奇蹟似的再次出現

百慕達三角海域存在著一股神祕而強大的、看不見的力量。1981 年 8 月，一艘名叫「海風號」的英國遊艇在「魔鬼三角」海域突然失蹤了。當時船上的 6 個人也一起消失不見蹤影。沒想到經過了 8 年，這艘遊艇卻突然在原地的海面上，奇蹟似的再次出現；而且船上的 6 個人也都安然無恙。這 6 個人都一致的表示，他們沒什麼感覺，對於已逝的 8 年時光，他們只覺得過了一剎那。這是首次在百慕達海域失蹤的人重新再現，調查人員對此十分興奮，因為以前只有失蹤的船隻再次出現。儘管這 6 個人未能回答這次奇遇的細節，也無法弄清楚事情的始末，但往後或許能從他們身上得到驚人的發現。

人為災難

再豪華的輪船也抵不住岩石的一擊

沉入茫茫冰海的 鐵達尼號

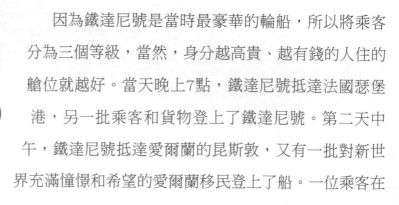

人們總是喜歡用寬廣、遼闊等優美的詞語形容大海，茫茫的大海彷彿是一個非常有故事的人，總在不斷向我們訴說著什麼。可是，看似平靜的大海並沒有想像中的那麼從容，無數次的海難告訴我們，對於大海永遠不能掉以輕心，因為不知道什麼時候，人們就要為自己的疏忽買單了。

被稱為「永不沉沒的輪船」的鐵達尼號

1912年4月10日，被稱為「永不沉沒的輪船」的鐵達尼號開始了它的處女航行。在南安普敦港的海洋碼頭上，站滿了要出行的客人、送行的家屬以及工作人員。當時鐵達尼號被稱為史上最豪華也是最巨大的輪船，所以有太多的人過來一睹它的風采。中午12時，鐵達尼號離開了碼頭，開始了它的第一次也是唯一一次航行。

因為鐵達尼號是當時最豪華的輪船，所以將乘客分為三個等級，當然，身分越高貴、越有錢的人住的艙位就越好。當天晚上7點，鐵達尼號抵達法國瑟堡港，另一批乘客和貨物登上了鐵達尼號。第二天中午，鐵達尼號抵達愛爾蘭的昆斯敦，又有一批對新世界充滿憧憬和希望的愛爾蘭移民登上了船。一位乘客在

這裡上岸時拍下的照片後來成了鐵達尼號的絕版照片，它在今天仍然是收藏家眼裡價值連城的物品。

　　為了以最快的速度穿越大西洋，鐵達尼號選擇了距離較短的北航線。氣溫不斷的下降，但天氣非常晴朗，格外寧靜的大西洋彷彿在預示著什麼。

鐵達尼號沉入大西洋

　　鐵達尼號從開始航行那天起，一直保持著全速前進。4月14日晚上，是一個風平浪靜的夜晚，甚至感覺不到任何的海風。當然，如果有風的話，船員一定就會發現被波浪拍打的冰山，可是粗心的船員並沒有履行自己的責任。等到23時40分發現冰山的時候，鐵達尼號想轉向已經是不可能的事了。人們只能眼睜睜地看著輪船與冰山「親吻」，並且誰也沒有想到這竟然是死亡之吻。

　　當鐵達尼號撞上冰山後，船體被鑿開了一個長約76公尺的裂縫，水面下至少有6根鉚釘被撞出，海水從這些鉚釘形成的孔中湧入船體前部的5個防水封閉倉。如果只有4個封閉倉進水，鐵達尼號還不會下沉。可是5個封閉倉都已進水，鐵達尼號真的難逃沉沒的命運了。

在船上開心娛樂的人們無論如何也想不到，自己的出行即將成為生命的最後之旅。船上的樂隊不停地演奏著快樂的樂曲，人們在一起唱歌、跳舞。可是在最下層的人們已經開始與死神面對面了。海水以越來越快的速度向船中滲入，最下層的人們被海水沖向各個角落，幾秒前還存在船艙裡，轉眼被海水沖得找不到「屍體」。人們有的被海水沖得撞到硬物而死，有的人被海水活活淹死，有的人還在睡夢中就被死神帶走了。

兩個小時以後，船完全沉入海裡，船體在沉沒過程中分裂成兩個部分。2200多人中的1500多人在這次災難中喪生，許多人伴隨著鐵達尼號而沉入海底，也有很多人因船沉入水中後，被冰水活活凍死。等到其他船來營救的時候，人們看到的是：數不清的屍體漂浮在大海中，有的面帶微笑，有的痛苦萬分。在這些人中有老人，也有僅僅幾個月的孩子。

整艘船隻只有不到700人在這次災難中倖存下來，而鐵達尼號的永不沉沒，只能說是人們曾經最大的夢想。

鐵達尼號沉沒的啟示

鐵達尼號的沉沒告訴了人們：大自然的力量是無法預測的，雖然科技在進步，社會在發展，人們對未來充滿了希望。可是千萬不要對自然的威力掉以輕心，鐵達尼號將永遠讓人們牢記人類的傲慢自信所付出的代價。這場災難震驚了國際社會，因為它證明了：人的技術成就無法與

自然的力量相比。同時這場災難依然讓我們感動，有許許多多的人在死亡面前體現出了堅強的一面，將生存的希望留給了別人，自己孤獨地去面對死神。我們腦海中始終都會出現這樣一幅畫面：茫茫的大海上，鐵達尼號沉沒後，那些沒有上救生船的人們，在冰冷的大海上等待死神的到來。災難無法避免，可是人類不負責任的心是可以避免的。

令人感到不可思議的巧合

俗話說：「無巧不成書」。大千世界總是在不斷的出現形形色色的巧合。在 1898 年，曾經有一位英國的作家摩根・羅伯森寫了一本名叫《徒勞無功》的小說，小說描寫的是一艘號稱當時「永不沉沒」的豪華輪船名為「泰坦」（Titan）號，從英國首航駛向大西洋彼岸的美國。這是人類航海史上空前巨大的、最豪華的客輪，船上裝備了當時最為華貴的設施，滿船承載的都是有錢的旅客。人們在這艘巨輪上盡情地享受著一切，但是，這艘巨輪首次出航就在途中撞上了冰山，悲慘地沉沒，許多乘客葬身海底。誰也沒有料到，小說裡的故事在 14 年後真的成為了現實，實在太不可思議了！

聽說前面又撞車了，那人喝多了……

疲勞或酒後駕駛
帶來的災難

大陸的汽車數量只占全世界的2%～3%，但事故死亡人數卻多達全世界的1/5，已成為世界上道路交通事故最為嚴重的國家，也是死亡人數最多的國家。引發交通事故的原因很多，其中疲勞駕駛和酒後駕駛每年造成數十萬人的死亡和傷殘，為無數家庭帶來巨大災難！

連續8小時疲勞駕駛引發的慘劇

2005年11月14日早晨5：40左右，大陸山西省長治市沁源縣發生了一起交通事故，從而給幾十個家庭帶來了重大的災難。

那天早晨，沁源縣第二中學如同平時一樣，老師們帶領國二、國三兩個年級，一共13個班的900多名學生在汾屯公路出操晨練，就在轉彎返校之際，一輛大貨車突然碾壓過來，在一片驚呼和慘叫聲中，學生們紛紛倒

地。之後，這輛貨車撞倒路邊的人樹，又駛上公路斜橫在路上才停了下來。當場有18名師生被輾壓導致死亡，20多人受傷。在傷者被送往醫院搶救的過程中，又有3名學生因搶救無效死亡。

　　當天上午，有記者爬上附近樓頂看到，100多公尺長的公路上，血跡斑斑。十幾具學生的遺體橫七豎八地躺在地上。誰能想到，幾個小時前還活蹦亂跳的孩子，如今已經去了另一個世界。聞訊趕來的學生家長跪在地上號啕大哭。

　　釀造慘劇的大貨車斜橫在路中央，前部被撞得面目全非。據調查，這場事故的原因是由於這名司機連續8個小時疲勞駕駛。就是因為疲勞駕駛，給那麼多家庭帶來了無法癒合的傷口。

無法原諒的酒駕行為

　　2008年，大陸共發生道路交通事故26萬5000多起，造成7萬3000多人死亡、30多萬人受傷，這是多麼龐大的數字啊！世界衛生組織曾統計，在發展中國家，每33分鐘就會有一人死於飲酒導致的交通事故。

　　2009年6月30日晚上8點多，一輛黑色別克轎車在南京市金勝路由南

向北行駛時，車輛失控，沿途撞倒9名路人，撞壞6輛轎車，釀成5死4傷的慘劇，令人嘆息的是，死者中還有一名孕婦。經過對肇事司機抽血化驗，他的每100毫升血液裡酒精濃度高達381毫克，是醉酒標準的4倍多。這樣的行為真是令人無法原諒！

在美國，酒後駕車就是故意傷害，會受到十分嚴厲的處罰。在日本，2001年的時候，對於因為駕駛導致人死亡的最高刑期是15年，到2005年，酒後駕車致人死亡的最高刑期是20年。

酒精使人失控

大家都知道，喝酒容易使人高度興奮，從而情緒失控。由於酒精的麻醉作用，大腦對距離、路況、方向等各個方面的判斷容易出現誤差，反應還會變得遲鈍。在這種狀態下，怎麼還敢開車呢？試想一下，在公路行駛的汽車突然失去

控制，那是一件多麼可怕的事情啊！所以，千萬不能存有僥倖心理，否則會給自己和其他人帶來巨大的災難。

另外，還可能發生這樣有趣的事。明明沒喝酒，反而被當成酒後駕駛處罰，這是什麼原因呢？原來，如果你噴過藿香正氣水、口氣清新劑，或吃薑母鴨、醉蝦等美食，口腔裡就會殘留大量酒精，通過酒精測試儀就很有可能被測出酒精含量超標。

服藥後開車也可能引發交通事故

據統計，近年來因服藥後駕駛導致的交通事故明顯增多。那麼，服用哪些藥物會影響安全駕駛呢？比如：抗過敏藥、鎮靜催眠藥、解熱鎮痛藥、鎮咳藥、胃腸解痙藥、止吐藥等，這些藥物就有副作用，可能會影響駕車安全，在一般情況下，駕車時應盡量不要服用。

此外，如果把幾種藥物混合服用，可能也會加重藥物的副作用。所以，生病以後要去醫院諮詢醫生，按醫生囑咐服藥，盡量不要開車，否則也有可能發生危險。

砰砰砰……灰飛煙滅……

人類大災難——切爾諾貝利核災

1970年，蘇聯烏克蘭北部切爾諾貝利核電站建成。這個核電站由4座核反應爐組成，能為烏克蘭提供10%的電力，因此人們十分信任這樣有口皆碑的電站。但是1986年4月26日發生的大災難，改變了人們對切爾諾貝利核電站的信任。

1986年的切爾諾貝利核爆炸

1986年4月25日夜晚，切爾諾貝利核電廠的工作人員正準備對4號反應堆進行安全測試。而真正的測試工作卻是從第二天凌晨正式開始的。為了提高工作效率，工作人員就將控制棒大量拔出。可是他們根本沒有意識到，自己正在犯一種錯誤，而這種錯誤是致命的。其實控制棒的作用是調節溫度，沒有了它，堆芯的溫度就會升高。在凌晨1時23分，工作

人員再次心存僥倖違規操作，按下了關閉核反應爐的緊急按鈕。這樣做與實際情況發生了衝突，等工作人員想立即停止試驗的時候，電源卻突然中斷了。冷卻系統頓時停止了工作，反應堆澈底失控了！堆芯內的水被輻射後立即分解成了氫和氧，由於它們的濃度過高，隨即就導致了4號核反應爐大爆炸。

2000噸重的鋼頂被爆炸衝擊起來，一個巨大的火球頓時騰空而起，使大半天空被照亮，就這樣災難降臨了。這些核燃料的碎塊、高放射性物質瞬間被無情地拋向了黑暗的夜空，2000℃的高溫和高放射劑量吞噬了周圍的一切。四周的人們完全沒有意識到發生了什麼，身體就被高溫燒著。地面上哭聲喊聲一片，看起來就是一片火海。蒸發的核燃料迅速滲入到大氣層中，給周圍地區造成了強烈的核輻射，給生物帶來了極大的危害。直到5月5日，在救援人員和社會各界人士的努力和支援下，放射性物質的釋放才基本得到控制。

刻意的隱瞞給人們帶來的災難

這次核爆炸發生後，蘇聯官方並沒有及時採取緊急措施。大家一致認為只是反應堆發生了火災，並沒有爆炸。因此，在事故發生了兩天之後，

一些距離核電廠很近的村莊才開始疏散，政府才派出軍隊強制人們盡快撤離。當時在電廠附近村莊測出的是超過致命量幾百倍的核輻射，而且輻射值還在不停的升高，但這還是沒有引起重視。官方為了不引起人民的恐慌，並不讓居民了解事情的全部真相，從而導致許多人在撤離前就已經吸收了大量致命的輻射。

　　當事故發生了7天后，蘇聯官方才接到了從瑞典政府發來的資訊。此時的輻射雲已經飄散到瑞典，蘇聯才明白事情並沒有他們想像中的那麼簡單。在之後的日子裡，蘇聯政府動用了無數人力物力，終於將反應堆的大火撲滅，並控制住了輻射，這時很多清理人員也被強烈的輻射傷害了。

核爆炸並不是爆炸完就結束

　　這次核爆炸是「二戰」以來最大的核災難，有5.5萬人在搶險救援工作中因輻射而死亡，15萬人殘廢，並且還造成了大量的生態難民。在蘇聯有15萬平方公里的土地受到了核輻射的直接汙染，300萬人受害。這是一個多麼龐大的數字啊！爆炸釋放出來的放射性物質使數萬人甲狀腺受損，兒童得白血病的比率高出了正常標準的2～4倍。由於輻射導致人體染色體變異，災難後便出現了許多畸形兒。

　　白俄羅斯是受核汙染最嚴重的地方，1350萬人口中有150萬人生活在受放射性物質影響的地區，其中40多萬是兒童，這些兒童有1/10患有各種放射病，他們是祖國的未來，卻沒能擁有一個健康的體魄，這真是人類的悲哀！

　　20多年過去了，那裡的人們仍然沒有完全擺脫核汙染，專家曾說過，至少還需要100年的時間才能澈底消除。切爾諾貝利核電廠曾經是蘇聯的驕傲，而此時卻是人們內心無法擺脫的傷痛。災難發生了，核電廠也關閉了，可是這樣悲痛的記憶人們永遠無法忘記。因為它時刻提醒著我們，要為自己的行為負責任。

核洩並沒有影響到世界各地核能的開展

　　儘管切爾諾貝利核洩的巨大災難使民眾形成了恐懼核能的心理，但卻並沒有阻止和平利用核能作為能源的步伐。因為，世界各國僅靠石油已不能滿足經濟增長的需求。曾經受災最深的烏克蘭首先積極開發核能。目前，烏克蘭有 4 個核電廠，15 個反應爐，供應全國 50% 的電力。烏克蘭的目標是到 2030 年，靠核能供應 60%～ 70% 的電力。

太像核爆炸了

仍是未解之謎的
通古斯大爆炸

爆炸的聲音總是震耳欲聾，哪怕發生爆炸的地方不在身邊，通過聲音我們依然可以身臨其境地感受到那種震顫，真是讓人情不自禁的顫抖。當然除了巨大的聲音，爆炸還有另外一個特點──放出大量的熱。如果很不幸，發生爆炸的地方就在你的附近，那麼你的皮膚很容易就會像烤雞一樣被烤焦，只要想像一下，就會覺得毛骨悚然。人類歷史上的爆炸事件很多，如果說起最神祕、最驚心動魄的，就不得不提通古斯大爆炸了。

莫名其妙發生的通古斯大爆炸

通古斯河是一條安靜的河流，它一直默默無聞地流淌著。可是伴隨著1908年6月30日的巨響，它被全世界所熟知了。

當地時間早上7時15分左右，通古斯河畔發生了一聲「砰」的巨響，同時巨大的蘑菇雲騰空而起，天空頓時出現了一道刺眼的白光，氣溫

也突然升高了。此時當地人觀察到一個巨大的火球畫過天空，這個火球的亮度可以同太陽相比。數分鐘後，一道強光照亮了整個天空，並且觀察到了蕈狀雲。爆炸後，爆炸中心生機勃勃的樹木全被燒焦，70公里以內的人被嚴重燒傷。由於爆炸聲音太大，

在毫無防備的情況下，剛剛還能夠聽到巨響的人們，下一秒鐘竟然被聲響震聾了耳朵，從此，再也聽不到聲音了。緊跟著衝擊波將附近窗戶的玻璃全部震碎，不但附近的居民被突然到來的大爆炸嚇得驚恐萬分，而且這個爆炸還涉及到其他國家：英國首都倫敦因此電燈突然熄滅，一片黑暗，整個城市彌漫在恐怖的氣氛之中；歐洲很多國家的人們在黑暗的夜空中看到了白晝般的閃光；甚至在遙遠的美國都能夠感到抖動的大地……

　　我們不難想到這次大爆炸有多麼大的破壞力！據後來的估計，這次大爆炸的能量相當於1500萬～2000萬噸炸藥的威力，並且使超過2000多平方公里內的6000萬棵樹全部倒下。同時這個爆炸還造成了大氣壓的不穩定，甚至在數個月之後，大氣的透明度還在降低。

神祕的通古斯大爆炸──與廣島被炸後的情況相似

　　通古斯附近發生了大爆炸以後，當時的俄國根本無力作出調查，所以人們籠統地把這次爆炸稱為「通古斯大爆炸」。等到蘇維埃政權建立了以後，政府才派物理學家去通古斯地區考察，並進行了空中勘測。發

現爆炸造成的破壞面積達2萬多平方公里，可是奇怪的是爆炸中心的樹沒有完全倒下，不過樹葉卻完全燒焦了。並且發現爆炸後的樹長得非常快，就連年輪的寬度都增加了好幾倍，曾經在爆炸地區生活的馴鹿都得了一種奇怪的皮膚病。

後來由於第二次世界大戰的爆發，考察被迫停止。等到「二戰」以後，廣島被原子彈轟炸。看著廣島的廢墟，蘇聯的一位物理學家想到了通古斯大爆炸，它們之間有太多的相似之處了。首先爆炸中心受破壞，樹木直立而沒有倒下；其次爆炸中人畜死亡，都是核輻射造成的；在通古斯拍到的那些枯樹林立、枝幹燒焦的照片，看上去也同廣島十分相似。難道通古斯大爆炸是一艘外星人駕駛的核動力太空船，在降落過程中發生故障而引起的一場核爆炸？

至今未解的通古斯大爆炸之謎

通古斯大爆炸同外星人有關？這種說法一出現，引起了強烈反應。支持的人和反對的人都不少。乘機就有人推測說是飛船來到這一地區是為了在貝加爾湖取得淡水，還有人說通古斯馴鹿所得的怪病和美國新墨西哥進行核子試驗後當地牛群受到輻射後的皮膚病很相像。

1973年，一些美國科學家對此提出了新見解，他們認為爆炸是宇宙黑洞造成的。他們猜測是某個小型黑洞運行在冰島和紐芬蘭之間的太平洋上空時，引發了這場爆炸。但是關於黑洞人們了解得實在是太少了，所以黑洞之說是否存在都是個問題。因此，這種見解也還缺少足夠的證據。直到今天，通古斯大爆炸之謎仍未解開。

第一位到達通古斯現場的專家

在通古斯大爆炸之後，第一位到達現場的是蘇聯科學家萊奧尼德‧庫利克。他認為 1908 年通古斯大爆炸是由於一顆流星落到了地面。後來，美國科學家也在實驗室裡用電腦類比出了隕石高速撞地引發的大爆炸效果，並運用電腦很好地類比了當年通古斯周邊地區的景象。但令人感到遺憾的是，很長時間以來，所有的實地考察都沒有發現任何隕石殘骸。

一點火星突然變成熊熊大火

毀滅全城的
倫敦大火

我們都知道，當家裡失火以後要趕緊撥打119火警電話，這樣可以迅速得到消防隊的幫忙，從而將家裡的大火撲滅，否則無情的大火不但能把整個房子燒掉，甚至還會危及周圍人們的生命安全。曾經有過這樣一場大火，它幾乎將整個城市吞沒，給人們帶來了巨大損失。這場大火就是發生在1666年的倫敦大火。

從麵包房傳出的燎原火星

普丁巷位於倫敦城的擁擠地區中心，同時也是附近伊斯特奇普市場的垃圾堆放地，一般的倫敦平民都住在那裡，而就是這樣的一個極其普通的地方，卻毀了整個倫敦。

　　讓我們把時針撥回到1666年9月2日的凌晨2點，當一位麵包師傅在一天的工作結束之後，卻忘記了關上烤麵包的爐子。這時候，火苗就立刻躍出了爐子，進而燒著了整間麵包店，同時，還引燃了附近一家旅店庭院中的乾草堆。熊熊火焰沖天而起，無數的居民迅速地跑到街上圍觀，但是卻沒有任何人感覺到震驚。因為當時的倫敦到處都是木質結構的房子，起火似乎都是司空見慣的「小事」，而且，以往的大火也並沒有釀成任何的大禍。所以人們理所應當地認為這次大火也一樣，包括當時倫敦市長在內的所有人都是這麼認為的。

　　當晚，就是住在附近的一位爵士，在看到大火之後也並沒有在意，站在窗前看了一下後，就又倒頭大睡了，甚至於在第二天都沒有把這件事情告訴國王。因為那一天是星期天，他覺得沒有必要因為這麼一件「小事」，去打擾國王愉快的假日。

大火毀滅了整個倫敦，只有8人喪生

　　不過以後的事態卻並沒有按照市長和那位爵士的預測，朝著樂觀方向發展。恰恰相反，火勢的發展完全超出了所有人的預料，僅僅一天的時間，大火就燒到了倫敦的泰晤士河畔，岸邊的那些裝滿了木材、油料和煤炭的倉庫就像是炸彈一樣，一個接著一個地發生了爆炸。並且在熱風的不斷吹拂下，大火迅速地撲向了整個倫敦。

　　3天以後，整個倫敦就已經有超過1300間房屋和87個教區的教堂化為灰燼，300畝的土地被燒成了焦土，就連在泰晤士河對岸的市政廳和倫敦市金融中心的王室交易所也不能倖免。其中，災情最嚴重的還要

屬聖保羅大教堂

了，大火產生的熱浪

引得石造物發生了爆炸，許多

古墓就這樣被炸開了，露出了許多難看的木乃伊形狀的屍

體。整個大教堂的頂部在大火中熔化，那些被熔化的鉛溶物

淹沒了附近的街道。然而幸運的是，大多數的居民都有著充裕的時

間逃離災區，在倫敦的道路上，你常常能看到許多裝載著各種家

產的手推小車。在這場毀滅了整個倫敦的大火中，只有8個人喪生

火海。

消失在大火中的鼠疫

　　不過福禍相依，這樣一場大火雖然焚毀了整個倫敦，但是同時

也幫助他們解決了困擾他們3個多世紀的鼠疫。

　　鼠疫第一次襲擊英國是在1348年，斷斷續續地持續了3個

多世紀，整個英國有將近1/3的人口都是死於鼠疫。到了1665

年，一場嚴重的鼠疫幾乎肆虐了整個歐洲，僅倫敦地區就有超

過6萬人因此喪生。在6月到8月的短短3個月時間裡，倫敦的

人口就銳減了1/10，到了9月以後，每周的死亡人數竟然高達

8000人以上。隨著鼠疫的繼續蔓延，整個英國王室舉家

遷徙，逃出倫敦，其他的富人也有樣學樣，紛紛倉皇出逃，到牛津等鄉間地方暫時居住。

　　但是在1666年的大火中，數量巨大的老鼠隨著房屋的倒塌而葬身火海，不僅如此，就連那些藏身在地窖中的老鼠也不能倖免。後來，倫敦重建，吸取了大火的教訓，採用石頭代替原有的木質房屋，並且極大地改善了衛生，於是，那困擾了英國長達3個多世紀的鼠疫也就隨之煙消雲散了。

置之死地而後生的災難

　　我們知道，一場毀滅了整個倫敦的大火帶走了鼠疫，但是，這場大火的意外效果可不僅如此，毀於大火中的倫敦需要重建，而倫敦重建則強而有力地擴大了內需。1666 年 10 月 1 日，英國王室聘請了一位建築大師參與了倫敦的重建，重建工程包括皇家的肯辛頓宮、漢普頓宮、大火紀念柱、皇家交易所和格林威治天文臺，當然，還有在大火中遭到焚毀的聖保羅大教堂，也正是這些工程，讓英國的經濟開始騰飛。其中聖保羅大教堂從 1675 年開始重建，直到 1710 年才算完工，整個工程耗費了 75 萬英鎊。對此，就連英國人自己也自嘲地說：「如果沒有那場大火，倫敦乃至整個英國的經濟也許都不會有這麼快的起色。」

一個小東西可以產生無窮的力量

襲擊廣島的 小男孩

每年的8月6日，在日本的廣島，社會各界人士都會聚集在一起。他們有的在和平紀念公園的原子彈爆炸受害者紀念碑前祈禱；有的在原子彈爆炸的遺址前點燃飄在河中的燈，來紀念死者；還有的會手持和平標語在廣島進行反戰爭和反核武器的遊行，這是怎麼回事呢？人們為什麼都要在8月6日這一天聚集到廣島呢？這一切都要從1945年8月6日那天說起。

一聲爆炸結束的戰爭

　　1945年8月6日，是一個十分平常的日子。在這個時候，人類歷史上規模最大、被捲入國家最多，同時也是死亡人數和經濟損失最大的戰爭——第二次世界大戰已經接近尾聲。之前，義大利和德國先後宣布無條件投降了，日本的戰敗已成定局。但是當時的美國政府為了迫使日本盡快投降，美國總統杜魯門決定在日本的廣島使用當時的超級武器——原子彈。

　　清晨，日本廣島的上空飄著少量的白雲，當美國的3架B-29轟炸機呼嘯著飛入廣島上空時，淒厲的防空警報被拉響，但是大部分的廣島市民卻並未進人防空掩體內，而是站在原地仰望飛過的美軍轟炸機。這是因為在此之前，B-29轟炸機幾乎每天都要飛來「訓練」一番，也不進行

轟炸，只是飛過來轉一圈就走。所以廣島的市民都已經習以為常了，以為這一次美軍的飛機還會像以前一樣，飛過來轉一圈就離開。可是這一次，所有人都想錯了。當一道刺目的光從廣島的天空畫過，一個巨大的蘑菇雲帶著10多萬條生命升起的時候，全世界都知道，第二次世界大戰——這場全人類的浩劫，就要結束了。果不其然，僅僅在9天之後，日本就宣布無條件投降了。

焚毀廣島的可怕蘑菇雲

雖然戰爭結束了，但是原子彈的可怕，讓所有親身經歷過的人都記憶猶新。在1945年8月6日上午的9點14分，當那架裝載有原子彈的轟炸機上的瞄準儀對準了廣島上的一座橋時，自動裝置被打開了，那顆被命名為「小男孩」的原子彈從打開的艙門跌入空中，並在離地600公尺的空中突然爆炸。隨著一個巨大的蘑菇雲升騰而起，整個廣島市淪為了一片火海。

　　原子彈爆炸所產生的強烈光波，使得不計其數的人在瞬間雙目失明，那比太陽中心還要高得多的溫度，把一切都燒成了灰燼。猛烈的衝擊波就像一隻無形的大手，以摧枯拉朽之勢，一下子就將所有的建築物都摧毀殆盡。如果處在爆炸的中心，無論是人還是物，都會在一剎那間被分解成比細菌還要小無數倍的原子；而離爆炸中心遠一些的地方，我們還可以看到一具具沒有被完全燒毀的焦黑屍骨；再遠一些的地方，雖然還有僥倖活著的人，但不是身上的皮膚、肌肉被燒沒了，就是兩個眼睛被燒成了兩個窟窿；哪怕在離爆炸中心16公里以外的地方，人們依然可以感覺得到那股充滿著死亡氣息的灼熱氣流。

讓人畸形的輻射後遺症

　　當時的廣島，人口為34萬左右，而一顆「小男孩」的爆炸，僅僅當天就造成了將近9萬人的死亡，其他負傷和失蹤的人數為5萬人左右，全市一半以上的建築物被完全毀壞。此後，原子彈爆炸遺留的大量輻射，同樣也給當地居民帶來了不可磨滅的災難。第二次世界大戰結束以後第一個踏上日本的戰地記者曾這樣描述：「在這個被夷為平地的城市裡，我完全看不到生機，放眼望去，全是狼藉，我感覺我自己就是站在一片戰爭的廢墟之上。我看到了一位因為輻射而全身變形的婦女，痛苦的呻吟聲從她那已經發黑的嘴裡傳了出來，眼神中滿是恐懼和絕望。隨後，她痙攣了幾下就不動了，這時我才意識到，或許死是她唯一的解脫吧！」

　　不僅如此，這位戰地記者還看到了更多恐怖的景象，有些人全身被

燒得焦黑，就像煤炭一樣；有些人的腿上和手臂上都是被輻射灼燒的紅點；還有一些人的身體上，就像犀牛一樣蓋上了一層厚厚的「皮甲」，而這層「皮甲」，據說是他的皮肉被過量的輻射以後形成的；而更多的人，他們有的發高燒、內出血、掉髮、嘔吐和內分泌失調，甚至還會導致後代的畸形和怪胎等。這一切，都是原子彈輻射留下的後遺症。

難以想像的核武器家族

　　當 1945 年美國製造出第一顆原子彈以後，時至今日，已經有半個多世紀的時間了。而隨著科技的發展，核武器家族也在不斷的擴充，除了當年毀滅了廣島和長崎的原子彈之外，威力更大的氫彈、只利用衝擊波輻射「殺人不毀物」的中子彈和利用核爆炸的巨大能量擾亂大氣中電磁波傳輸的電磁脈衝彈，以及體積雖然只有一個棒球大小，但是威力卻不弱於原子彈的紅汞核彈，它們都紛紛在人類的智慧中閃亮登場。

動物也會集體自殺

自作自受的
水俣病

當從工業區的河邊走過時，總能看到一個個
排水管。它們不停地向河裡傾瀉著髒兮兮的工業
廢水，這其實是一種完全藐視生態平衡的不負責行
為。要知道，這些未經處理的工業廢水不僅能夠引起
霍亂等一些急性傳染病，還包含了一些能使人患上稀奇古怪病症的有毒元素。
而發生在日本的一次水俣（ㄩˇ）病，也許能給我們一些啟示。

被惡靈附身而自殺的貓

　　水俣是日本的一個地名，那裡擁有4萬的居民和周圍村莊的1萬多農
民和漁民。在1925年，一家化工廠在此地建立，由於經營得當，化工廠
越來越大，可是該化工廠的老闆為了追求最大利益，就將未處理的大量
含汞的汙水排入了水俣灣。當時人們的環保意識薄弱，並沒有在意。可
是福禍相依，過度的汙染環境，遲早會招來大自然的「回報」。

　　在日本，很多人都喜歡養貓，然而從1952年開始，很多貓都出現了
行為的異常：走路跌跌撞撞的，就好像喝醉了酒一樣，甚至還會經常流
口水和沒緣由地狂奔，或者是在原地打轉，當地居民給貓的這種病症取
名叫「跳舞病」。到了1953年，更恐怖的事情發生了，一些貓就好像被

惡靈附身了一樣，開始莫名其妙地相繼投海自殺，而且病症越演越烈，不僅水俁灣如此，就連水俁灣對岸的好幾個島嶼也發生了相似的事件。在短短一年之內，投海自殺的貓的總數就達到了5萬之多，以至於周圍漁村的貓幾乎都絕跡了。緊接著，狗和豬也開始出現了類似的情形。在當時的海灣中，一具具貓狗的屍體漂浮著，臭氣沖天，這一切彷彿是大自然對人類的無聲控訴。

人類自己給自己帶來的可怕病症

其實，自殺貓的事情很早就有了徵兆，在1950年的時候，水俁灣上就已經怪事連連了。常常有成群的海魚飄浮在海面，任人捕撈，也不躲避，而且，這些被捕上岸的魚既不翻也不跳，就好像被判了死刑的犯人一樣——認命了。不僅如此，在水俁灣出海口的沙灘上，充斥著大量的死魚屍體，散發著陣陣惡臭。在幾年之內，水俁灣魚的數量銳減了80%，只不過在那個時候，人們雖然感覺奇怪，但也僅僅以為是氣候異常所致，並未給予太大的關注。

　　終於，到後來這種病症蔓延到了人的身上，1956年，一個接著一個生怪病的人被送到了醫院。他們開始的時候只是口齒不清、步態不穩和面部痴呆，但到了後來，就變成了全身麻木和耳聾眼瞎，最後會發展到精神失常，全身性痙攣頻發，手足彎曲變形，就好像那些「自殺」的貓一樣，莫名其妙的死去。並且病情還有不斷蔓延的趨勢，這樣一來，才引起了當地人們的高度注意。在當地大學醫院成立的調查小組的調查下，終於發現了病症的源頭，就是水俁市的化工廠排出的那些未經處理的工業廢水中，含有大量的甲基汞，而這些甲基汞隨著時間的推移，不斷的在人體內堆積著，最終暴發形成了水俁病。

被掏空的腦組織

　　甲基汞當中的汞，其實就是我們常說的水銀。眾所周知，水銀是有劇毒的，而當甲基汞進入人體以後，會在胃酸的作用下形成更易於人體吸收的氯化甲基汞，並隨著腸道進入血液之中，與紅細胞和血紅蛋白相結合，最終會進入人的大腦，其次是肝和腎。如果人體攝入了少量的甲基汞，只會出現一些如肝病、腎臟炎和高血壓等普通的疾病，但是當甲基汞累積到了一定的程度之後，就會逐漸產生知覺障礙，如視野變得狹窄、四肢神經失調、動作遲緩和言語困難等，如果更加嚴重的時候，則會陷入昏迷，全身不由自主地痙攣，最終導致死亡。

　　如果這個時候將死者大腦解剖的話，就會看到一個海綿狀的大腦，裡面一個一個的小孔洞。人們一旦患上這種病，就會完全無藥可治。更為可怕的是，這種病還能通過母親傳染給下一代，哪怕孕婦再健康，當她體內含有甲基汞的時候，肚子裡的嬰兒腦組織也會受其影響發育不完全，更嚴重的時候會直接生出死胎和怪胎。

　　水俁病是可怕的，它不但帶走了人們的身體健康，同時也帶走了人們安定生活的心。其實這種人為災難是可以避免的，只要人們多注意保護自然，自然回饋給我們的就不再是無窮的災難。

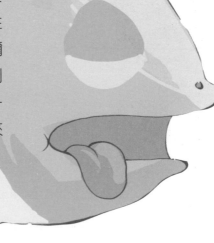

港灣的定時炸彈

　　水俁病是一種由汞直接對海洋環境的汙染造成的公害，迄今為止在世界的很多地方都發生過類似的中毒事件。同時，其他一些化學性質與汞相近的重金屬都可以對人體造成不可彌補的損害。不僅如此，當港灣中的沉積物達到飽和狀態以後，就會造成港灣泥沙的缺氧，一些厭氧生物就可以自行合成甲基汞。這樣一來港灣就像一顆定時炸彈一樣，隨時要讓人類無節制的汙染環境行為付出慘烈的代價。

就像在地獄一樣，「享受」百般折磨

讓人聞之色變的 庫巴唐死亡谷

環境保護問題對於現在的我們來說，已經不再是什麼新鮮事了，不管是在電視上，還是在報紙上，我們總是能見到許許多多有關於環保的資訊，甚至聯合國還在1972年將每年的6月5日定為世界環境日。但是你知道嗎？這些觀念的產生都是建立在一個個血淋漓的教訓上的，而發生在巴西庫巴唐的災難，顯然就是一記清脆的警鐘。

一出生就沒有腦子的嬰兒

庫巴唐是位於巴西聖保羅以南60公里的城市，它在一片鬱鬱蔥蔥的群山環繞之中，景色十分優美。在20世紀60年代的時候，庫巴唐市出於經濟發展的需要，陸陸續續引進了煉油、石化和煉鐵等外資企業300多家，城市人口也猛增至10多萬，成為了聖保羅不可或缺的工業衛星城。然而這些企業主們為了獲取最大的經濟利益，開始任意地排放廢氣、廢水，使得整個城市濃煙彌漫、臭水橫流。站在城市裡，你可以清晰的聞到充斥在空氣中的那股令人作嘔的腐臭氣味。

在20世紀80年代的某一天，就是在這樣一個遭受到重度汙染的城市裡，一位即將生產的本地孕婦被送到了醫院。然而，當胎兒生出來

以後，轉眼就在一聲刺耳的尖叫聲中死去了。據醫院的記錄顯示，這個嬰兒有著和其他健康嬰兒完全不同的外表，他的頭部根本就沒有發育完全，甚至連最基本的顱骨都沒有，畸形的大腦組織暴露在外面，就好像沒有頭腦一樣，因此被人們形象地稱為「無腦嬰兒」。這僅僅只是個開始，此後，在庫巴唐市，又接二連三地出生了數十個無腦嬰兒。

被光化學煙霧籠罩的城市

毫無疑問，無腦嬰兒的降生與庫巴唐市的環境汙染有著密不可分的關係，但是這僅僅是庫巴唐市汙染後果的冰山一角。在這個工業城市裡，我們隨處可見一些高高聳立著的煙囪，它們不時地冒出一串串帶有刺鼻氣味的白色或者黑色煙霧，在沒有經過任何處理的情況下就排放到了空氣之中。這些煙霧隨風飄揚在城市的上空，經過了太陽光的照射之後，其中一些化學成分就會發生一系列的變化，最終形成一種劇毒物質。

　　當走在大街上的時候，這種混合的空氣會「熱情」地朝你撲來，讓你「感動」得淚流滿面。特別是在庫巴唐市里，你幾乎不能呼吸，因為你吸進去的每一口空氣都是汙濁的。同時這些空氣中的劇毒物質還會隨著人們的呼吸慢慢進入到身體裡，從而破壞肺和氣管，讓人咳嗽不已，甚至還能引發哮喘，進而導致死亡。

　　一位來自環境保護組織的官員就曾經發出過這樣的感慨：「這裡簡直就是一個地獄，惡魔的煙霧籠罩了整片天空，讓明媚的陽光無法照耀大地，在我四周那令人窒息的空氣中，一個個死神對我虎視眈眈，他們手中的鐮刀寒光閃閃，似乎隨時要收走我的生命一樣。」

災難不停的爆發，「死亡之谷」因此而得名

　　庫巴唐雖然恐怖，但仍有10多萬人在這裡生活了將近半個世紀。當然，他們並不是平平安安生活的，重度汙染的空氣使人們精神恍惚，災難也頻頻發生。

　　在1984年2月25日這一天，就發生了輸油管破裂燃燒的事故，死傷500餘人；在1985年的1月26日，又有一家化肥廠發生氨氣洩漏，直接導致周圍近60平方公里的森林被毀。大片的山坡土地裸露在外，每當大雨來臨之時，就會造成嚴重的水土流失和山體滑坡，直接摧毀了一片貧民窟。不僅如此，庫巴唐的每一寸空氣和土壤以及水資源都在悄無聲息地

吞噬著人們的生命。在這座城市裡，幾乎每5個人當中就會有一個人患有呼吸道疾病，醫院裡擠滿了接受吸氧治療的老人和孩子。而且，經過科研人員調查研究後發現，在庫巴唐地區生活的人們患各種癌症的概率高得驚人，其中，膀胱癌患者的比率是其他城市的6倍以上；神經系統（包括腦部）的癌症比率是其他城市的4倍以上。另外，肺癌、咽喉癌和口腔癌等病症的患病率也是其他城市的2倍以上。因此，這個城市又被人們稱之為「死亡谷」。

讓人痛哭流涕的淡藍色煙霧

早在 20 世紀 40 年代初，在美國洛杉磯的居民就經常發現在城市的上空彌漫著一種淡藍色的煙霧。這種煙霧常常使人眼睛發紅、喉嚨疼痛，並且眼淚和鼻涕會不由自主地流出來，同時，還伴有不同程度的頭昏和頭痛等症狀。可是有關部門卻遲遲查不出原因，直到 20 世紀 50 年代，人們才知道這種煙霧來自汽車的尾氣。在汽車的尾氣中含有大量的烴類化合物和氮氧化物，這些化學物質在經過太陽的照射後會發生一系列的變化，最終與水蒸氣結合在一起，便形成了這種帶有強烈刺激性的淡藍色煙霧。

哎呀，空氣中這是什麼味兒啊？

殺人於無形的

毒氣戰

人人都討厭戰爭。戰爭的雙方為了各自的利益，甚至可以不擇手段。不知你有沒有聽說過，在歷史上，毒氣竟然也被用到了戰場。不難想像，一種有劇毒的氣體隨風擴散到空氣中，被人或動物吸入到體內，是多麼殘忍的一件事情啊！

使綿羊抽搐的黃綠色煙霧

1914年9月，在馬恩河戰役中，德軍與英法聯軍交戰，德軍慘遭失敗。1915年春，德軍決定一雪前恥，準備在依普爾運河一帶與英法聯軍大戰一場。

對此，德皇非常重視，連忙召見當時的參謀總長法爾根漢，問他有沒有戰勝英法聯軍的妙計。法爾根漢露出詭譎的笑容，信心十足地說道：「請您儘管放心！這次我要把戰場變成敵人的墳墓！」德皇對他的話將信將疑，冷冷地哼了一聲。法爾根漢湊上前去在皇帝耳邊輕聲說了幾句。德皇還是很擔心地說道：「這能行嗎？」

「當然可以！歡迎您親自上戰場檢閱！」

「好！」德皇這才興奮起來，下令讓法爾根漢趕快布置。

一天下午2點多鐘，軍事試驗場裡戒備森嚴，一個個全副武裝的憲兵注視著四周，遠處還隱約可見一些哨兵全神貫注地來回走動。德皇和一些高級官員的車隊駛進了這個試驗場，一直開到臨時看臺旁才停下，一位年輕的軍官上前拉開車門，等候在看臺旁邊的將軍「刷」地一下立正，畢恭畢敬的注視德皇登上看臺，然後紛紛就座。德皇身旁的法爾根漢對一位將軍耳語了幾句，那位將軍揮動手中的旗子，試驗場中突然出現一群士兵，他們拉出一門巨大的海軍炮和一門3英寸口徑的野戰炮。這時，在1.5公里外的一片空地上有一群綿羊在吃草。

隨著一聲哨響，士兵很快做好準備。緊接著，那名指揮官一聲令下，一發炮彈「嗖」的一聲落在離羊群很近的地方並爆炸了。但爆炸的聲音並沒有想像中那麼巨大，發出如此輕的聲音的炮彈能有什麼威力呢？別急，只見炸過以後的地方，有一團黃綠色的煙霧緩緩升起，隨風向羊群飄去，很快便覆蓋了整個羊群。

「到底發生了什麼？」德皇迫不及待地站起身來，架起望遠鏡向山坡上望去。「好呀！好呀！」德皇邊驚嘆，邊拍起手來。原來，煙消霧散之後，他看見一隻隻抽搐的綿羊。

偵查敵營

1915年4月21日，德軍開始進攻依普爾。德軍首先用16英寸口徑榴彈炮發射的高爆炸彈對英法聯軍的陣地進行狂轟濫炸。英法聯軍早有準備，雙方對轟了1個多小時，黃昏時分終於停了下來。英法聯軍鬆了一口氣，正在這時，十幾架飛機從東北方向飛來。有個英軍戰士大叫一聲

「德國飛機！」隨後，便跳入戰壕。其他英法戰士也慌張地連滾帶爬跳到戰壕之中。但德國飛機一掠而過，沒有發動任何攻擊，只是遠遠地繞了一個圈兒，就飛走了。

原來，這批讓英法聯軍虛驚一場的是法爾根漢派去的偵察機。偵察員回來後報告說：「英法聯軍陣地上崎嶇不平，障礙物、碉堡參差錯落，兵力無法估計」。

法爾根漢意識到必須設法把敵軍引到平曠的地方，才能使用祕密武器。他認真研究了一下地圖，選擇了一個地點，和部下說道：「就這兒。只等東北風一起，就可以實施那個完美的計畫了」。

可法爾根漢做夢也沒想到，法國間諜呂西托早已把關於祕密武器的消息告訴了法軍總司令。總司令聽到以後大吃一驚，連忙下令迅速準備防毒面具。但是，已經沒時間製作那麼一大批防毒面具了，只能給士兵每人加發一條毛巾。

德軍的祕密武器──氯氣彈

4月22日黎明，烏雲密布，東北風起。德軍各部戴好防毒面具，對英法聯軍發動了進攻。打了一陣，德軍佯裝撤退，將英法聯軍引出至一處

空曠地帶，並切斷了他們的後路。就在這時，幾十架德軍飛機從東南方飛過來，並紛紛投下炸彈，頓時騰起團團濃煙，迅速向四周彌漫。英法聯軍紛紛系上毛巾。但這有什麼用呢？士兵們紛紛倒下，頭暈目眩，呼吸緊張，緊接著口角流血，四肢抽搐起來。大量毒氣籠罩著大地，連野兔也伸直了腿。

這就是法爾根漢的祕密武器——氯氣彈。它釋放出的氣體比空氣重1.5倍，任何人或動物吸入馬上會窒息而死。很快，英法聯軍就有1萬多人死亡，其餘人也喪失戰鬥力。這時，戴著防毒面具的德軍浩浩蕩蕩地占領了這個地方。

這是人類戰爭中第一次大規模使用毒氣，在依普爾運河河畔的草叢、樹下，成千上萬英法聯軍的士兵蜷縮成一團，簡直慘不忍睹！

日軍對中國使用毒氣 2000 餘次

抗日戰爭期間，日軍在中國領土上犯下了滔天罪行。日軍不僅在戰場上使用毒氣，還慘無人道的對敵占區的中國平民使用毒氣，殺戮無數，那景象真是慘不忍睹！據統計，8 年中，日軍先後在中國的 14 個省（市）、77 個縣（區），使用毒氣 2091 次，其中有 423 次是針對中國華北游擊部隊使用的，造成 3.3 萬餘人傷亡；另外對中國正規軍使用 1668 次，使中國官兵 6000 餘人死亡，4.1 萬餘人受傷，而這些龐大的傷亡人數還不包括平民百姓呢。

一旦染上就上癮的毒品

貽害無窮的毒品

有資料顯示，吸毒者的平均壽命要比正常人短10～15年。他們當中大部分是在20歲左右開始接觸毒品的，在壯年的時候會因各種原因死亡。近年來，吸毒者的群體日益年輕化。甚至在有些國家，中學生吸毒的現象已經非常普遍。

吸毒危害人的身心健康

毒品在過去的1、200年中，就像瘟疫一樣在全球迅速蔓延。蔓延速度之快，波及人群之多已遠遠超過世界上曾經發生過的任何瘟疫。任何國家、任何社會階層無一例外地受到其影響。

從外表上看，吸毒的人往往萎靡不振、面黃肌瘦，衣著不整潔，思維渙散，注意力難以集中。甚至有的智力、勞動能力明顯下降，性格也發生了巨大的變化，幾乎沒有任何情感，對家庭和社會的責任感明顯下降。有些毒品使其不能正確判斷高度和距離。比如，本來在20層樓上，他卻錯誤地判斷自己在平地上，於是，本想向前「走」，卻從20層樓跳了下來。又比

如，有汽車迎面駛來，已經離自己很近了，吸毒者卻錯誤地認為車離自己還很遠，於是就死於非命……

毒品對身體的各個系統都會造成不同程度的影響，甚至對其中某個部位造成直接損傷而引起死亡。他們不關心身體健康，即便發現身體不適也常常不會及時求治，失去最佳治療時機。毒品常常掩蓋疾病的主觀症狀，從而延誤治療。此外，吸毒者生活不規律，常不遵守醫囑，影響治療效果。

有資料統計，吸毒者自殺發生率較一般人群高10～15倍。因為，吸毒者的精神每時每刻都處於高度緊張的狀態。他們時時為如何獲得更多的毒品而憂慮；他們營養不良，忍受吸毒併發症的痛苦；他們眾叛親離，內心孤獨；他們時時受到執法人員的監察和販毒者的威脅；有時，甚至還會感到後悔、內疚，最終承受不住，導致自殺。

吸毒讓人傾家蕩產甚至犯罪

一旦對毒品上癮，就會對它產生無休止的依賴，一刻也離不開它，而且所消耗的毒品的量會越來越大。所以這就像是一個無底洞，使吸毒的人每天用於購買毒品的錢近千元。於是，吸毒者的財產源源不斷的落入可惡的毒販之手，而換來的毒品在煙霧中頃刻燃盡，除了給吸毒者的健康帶來危害，什麼也沒有留下。許多吸毒者的產業、存款、現金、首飾均在這種骯髒的交易中消失殆盡。

　　另一方面，當一個人長期吸毒後，他生活的唯一目標便是怎樣尋覓毒品，對工作的熱情和責任心都喪失了；又由於長期吸毒使其意志減退，智力下降，他們的原有工作能力也喪失了。這些人失業率明顯增高，賺錢謀生的手段也逐漸喪失。他們整天不是蒙頭大睡，就是在白色毒霧中尋求海市蜃樓般的幻覺滿足。就算一時掙扎著通過勞動換來錢財，也遠遠不夠彌補吸毒造成的巨大負債，最後只得走上犯罪的道路。

　　由此可見，吸毒對個人，乃至家庭、社會都是一場大的災難啊！

往血管裡注射毒品

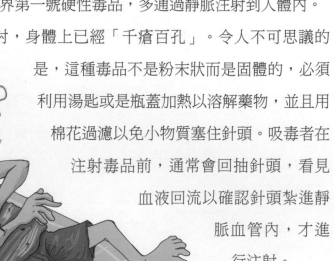

　　吸毒的另一種方式是往血管中注射毒品。有的吸毒者因為對毒品太過依賴，其收入已經越來越難維持一天兩次的毒品注射。所以，他們會往自己的身體內注射一種低劣的海洛因，價格雖然便宜，但效力更加可怕，隨時可能因此喪命。海洛因是世界第一號硬性毒品，多通過靜脈注射到人體內。

　　由於長期注射，身體上已經「千瘡百孔」。令人不可思議的是，這種毒品不是粉末狀而是固體的，必須利用湯匙或是瓶蓋加熱以溶解藥物，並且用棉花過濾以免小物質塞住針頭。吸毒者在注射毒品前，通常會回抽針頭，看見血液回流以確認針頭紮進靜脈血管內，才進行注射。

用這種方式注射毒品，整個身體、頭部、神經會產生一種爆發式的快感，如「閃電」一般。2～3個小時內，吸毒的人沉浸在半麻醉狀態，唯有快感存在，其他感覺蕩然無存。過一段時間以後，就不會那麼容易體會到那種快感了，他們需要越來越多的毒品才能過癮，毒品耐受量不斷增大。此時，一旦切斷毒品進入體內，吸毒者就會身不由己、生不如死。他們每次注射毒品時都有可能會過量中毒，很多人甚至沒有來得及把注射器拔出來。有些人為增強快感，把多種毒品混在一起注射，更易引起呼吸中樞抑制而死亡。不僅如此，多藥濫用還造成診斷困難，不易搶救成功。

鴉片的歷史

有資料顯示，在古埃及、希臘與羅馬時期就出現鴉片了。6000 年以前的古埃及藝術品中還出現過罌粟，而罌粟就是製取鴉片的主要原料。大約 17 世紀，荷蘭人通過臺灣把北美印第安人的菸斗連同煙葉傳入中國，中國開始有吸菸者。1680 年英國一位知名物理學家湯瑪斯・悉登漢姆把鴉片引入醫學領域。17 世紀時許多歐洲人用鴉片來治療各種疾病。19 世紀末期，醫生會開含有鴉片的藥水來治療各種病症。這些藥品都很少標明其中含有鴉片的成分。其實當時鴉片是以咳嗽藥以及治療嗎啡毒癮的名義來販賣的。

飛機剛起飛就墜落了

特內里費特
大空難

1903年，當萊特兄弟駕駛著歷史上的第一架飛機將人類帶上了那片蔚藍的神祕國度時，也同時不可避免地帶來了一系列的災難，這些災難都屬於航空事故，因此它們也就有了一個特殊的稱號「空難」。而談到空難，就不能不提到那次死亡人數創紀錄的特內里費特大空難。

恐怖分子炸出的混亂

在1977年3月27日那一天，一聲震耳欲聾的爆炸聲，在西班牙加那利島上的拉斯帕爾馬斯國際機場的花店內響起，雖然這次爆炸並沒有造成重大傷亡，但是仍給人們帶來了極大的負面影響。隨之，一個名為「加那利群島自決獨立運動」的恐怖組織發表聲明，稱對此爆炸事件負責，並且揚言他們還在機場內安放了另外一顆炸彈，隨時準備引爆。就在這樣的情況下，航管當局與當地的員警被迫對整個機場進行封閉，疏散群眾以便檢查。對於那天的航班，航管當局只好讓它們先全部轉降在隔壁的特內里費島的洛司羅迪歐機場，等到炸彈拆除之後，再飛往拉斯帕爾馬斯國際機場。

要知道，拉斯帕爾馬斯國際機場所在的加那利群島雖然不大，但卻是南北美洲的遊客進入地中海地區的門戶，每年的旅客絡繹不絕，如果此類的事件一個處理不好，就很有可能會給作為當地經濟支柱的旅遊業帶來無與倫比的衝擊。就是在這個突如其來的情況下，洛司羅迪歐機場內一時間停滿了從四面八方被迫轉降而來的飛機，因而導致了機場秩序的混亂，而就是這機場秩序的混亂，為後來的空難埋下了伏筆。

一波未平一波又起，拆除炸彈又來大霧

本次空難的主角之一，是荷蘭皇家航空公司的波音747-206B型客機。這架客機是當天早上從荷蘭的阿姆斯特丹機場起飛的，機上共有234名旅客和14名機組人員，由於拉斯帕爾馬斯機場的暫時封閉而在當地時間下午1點10分轉降至特內里費的洛司羅迪歐機場，與其他一些轉降在此的飛機一樣，擁擠在由機場主停機坪與主滑行道所構成的暫時停機區內，等待著拉斯帕爾馬斯機場的重新開放。而空難的另外一個主角，

則是隸屬於美國泛美航空公司的班機，這架載有乘客396人的波音747-121型客機是由美國的洛杉磯起飛的，在下午的1點45分到達洛司羅迪歐機場。

到了下午4點左右，來自拉斯帕爾馬斯機場的消息稱恐怖炸彈已經排除，機場將重新開放。因此所有班機紛紛開始起飛，但是這個時候，天氣卻突然發生了變化，一場誰也沒遇見過的大霧突然籠罩了整個洛司羅迪歐機場，能見度逐漸變差，這樣的情況，為空難的發生再一次埋下了隱患。

583人死亡的黑色世界紀錄

率先前往拉斯帕爾馬斯機場的是美國的客機，但是洛司羅迪歐機場太過擁擠了，想要離開並非易事，就在這架飛機滑行到一半想要進入滑行道時，發現了橫在路中間體積巨大的荷蘭客機擋住了去路。由於風向的原因，機場控制塔臺通知兩架飛機都必須滑行到30號跑道的盡頭，轉個180度的大彎，最後沿30號跑道起飛。首先荷蘭客機進行了滑行，而美國客機緊隨其後，由C3滑行道處轉彎離開主跑道。可是就在這個時候，由於大霧的原因，不管是荷蘭客機、美國客機還是機場控制塔臺，三方都無法準確看到對方的動態，再加上當時秩序的混亂，多重聯絡訊號的

互相重疊，因此當荷蘭客機開始奔馳起飛之時，美國客機正好位於它的前方。當雙方互相發現對方的時候已經晚了，不管是荷蘭客機還是美國客機的機長都在第一時間作出了反應，但仍然無法挽救大局，剛剛飛離地面的荷蘭客機狠狠掃過了美國客機的機身中段以後又繼續爬升了100尺左右後突然失控，隨即墜落在地面，當場爆炸。而美國客機也在被撞擊後爆出大火，斷裂成好幾塊，創下了總共583人死亡的黑色世界紀錄。

總統也無法倖免的空難

　　命運對所有人都是一視同仁的，因此，總統也無法避免空難的噩運。就在 2010 年的 4 月 10 日，波蘭總統卡欽斯基乘坐的一架飛機在俄羅斯斯摩棱斯克州北部的一個軍用機場降落時失事，機上 96 人全部遇難，其中就包括波蘭總統和總統夫人在內的許多波蘭高官。當時調查人員稱，有關飛機失事的原因有多種推測，包括天氣原因、人為錯誤和技術故障等。俄羅斯國家間航空委員會，2011 年 1 月 12 日公布波蘭前總統專機空難的最終調查報告稱，墜機的直接原因是在惡劣的天氣狀況下，機組拒絕前往備用機場降落，最終導致悲劇發生。

瓢潑大雨，吞噬生命

雨滴帶來的德國西部森林枯死病

下雨是一種十分正常的自然現象，是從地面蒸發的水蒸氣在高空中遇冷而重新凝結成水珠再從天而降的過程。可是，當人們排放的汙染物將整個藍天汙染了以後，這些雨水就搖身一變，成為了一群吞噬生命的魔鬼。

凋零的德國黑森林

黑森林又叫條頓森林，它位於德國西南的巴登——符騰堡州。在這片總面積為6000平方公里左右的地方，覆蓋著大片的松樹和杉木，從遠處看上去就是一片黑壓壓的，而黑森林就因此得名。黑森林原本是一個十分美麗的地方，是白雪公主和灰姑娘等眾多格林童話的發生地，充滿著純真和浪漫的氣息。森林裡的樹木可以通過綠色植物的光合作用，吸收大量的二氧化碳，釋放出氧氣，維繫了大氣中二氧化碳和氧氣的平衡，使周圍的人和動物能夠源源不斷的獲得新鮮空氣。

但是不知道從什麼時候開始，在這裡生長著的松

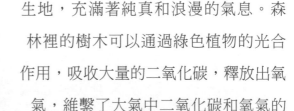

樹和杉木開始慢慢地枯萎了，那原本翠綠的樹葉逐漸變成了黃褐色，看起來完全沒有了生氣，並且開始一點點脫落。不僅如此，原本高大粗壯的枝幹就像得了軟骨病一樣，變得鬆軟起來，好像用手指一推，它們就會倒下似的。如果仔細觀察，還會發現有很多小蟲子從裡面爬出，看來樹木「病」得不輕啊！漸漸地樹木開始一棵棵倒下了，這種情況就像是一種瘟疫，肆無忌憚地蔓延開來。在數年之中，有3萬公頃的森林因為這種枯死病而完全死亡。不僅是黑森林，整個德國西部的所有森林似乎都出現了相同的毛病。在原本740萬公頃的森林中，截止到1983年總共有34％的樹木染上了這種枯死病，先後有80多萬公頃的森林就這樣永遠地消失了，只給人們留下了一片毫無生息的荒涼之地。用一個土生土長的黑森林德國農場主的話說，就是「凋零的黑森林，這是上帝對人類貪婪的懲罰！」

從天而降的腐蝕災難

　　當然，黑森林的枯死病可不是什麼上帝降下的懲罰，而是酸雨惹的禍。經過研究發現，樹木葉片對酸雨是十分敏感的，當大量酸雨落下時，帶有腐蝕性的酸性雨水能造成葉片表面的損傷，使葉片的內部結構直接暴露在外，這樣一來，葉片中的葉綠素會在雨水的不斷沖刷下變得越來越少，當葉綠素不斷減少的時候，樹木就會變得枯黃萎縮，就好像枯死了一樣。

不僅如此，酸雨還會降低樹木形成層的細胞活性，直接導致了細胞分裂的減緩，從而造成樹木年輪的變異，形成不完整的年輪。同時，酸性的雨水還能從樹木的細胞裡吸走大量的水分，讓許多樹木的細胞因為缺乏水分而死去。因此，只要酸雨一出現，就勢必會造成樹木枝幹的密度降低、強度下降，這也就是為什麼在黑森林中，我們看到的樹木都是彎著頭、低著腰，就好像病入膏肓的病人一樣。

酸雨──來自汽車和工廠的排放

那麼既然酸雨的危害是如此之大，它到底是如何產生的呢？

原來在德國的魯爾工業區，每年都排出大量含硫的氣體，這種氣體在空中與氧氣和水蒸氣相結合就能產生硫酸，然後再通過雨水降落下來，就慢慢腐蝕了樹木，因此使整片森林患上枯死病。

　　當然，酸雨的形成也離不開人類的「幫忙」。平時生活中，當我們在燃燒煤、石油和天然氣等化石燃料的時候，也會將包含大量硫化物的氣體排放到空氣之中。不僅如此，根據科學家的研究顯示，在汽車排放的尾氣內，也含有大量能夠形成硝酸的氮氧化物，而硝酸正是酸雨形成的一種必要條件。

　　時至今日，酸雨仍然會不時地出現，它導致土壤大量酸化的同時，還會破壞很多歷史悠久的建築物。在遭遇了這些之後，我們人類應該仔細思考，盡量避免災難的再次發生。

地球之肺的眼淚

　　生物學家曾這樣說過，「森林就是地球之肺」。因此，森林不僅與人類的發展有關，而且與自然界的生態平衡息息相連。然而就是這樣重要的地方，卻在我們人類的肆意破壞下銳減，除了因為酸雨造成的森林枯死病的蔓延，還有人類自己的亂砍濫伐。在 300 年前，中國的陝北榆林地區曾是一個林草茂密、土肥水足的好地方，但是由於清朝政府的破壞性砍伐，致使榆林地區因為失去了森林的保護而受到了風沙侵蝕，成了現在的一片沙漠。不僅在中國，這樣的悲劇在全世界都在發生。森林是地球之肺，可怕的是，現在的這個肺已經被我們割去了 2/3。

在宇宙裡爆炸，好危險

挺進宇宙的辛酸淚水——太空災難

一個婉轉動人的嫦娥奔月神話，揭示了人類想要翱翔太空，探索宇宙奧祕的美好夢想。當然，我們人類也一直在為這樣的夢想而努力著。不過這條探索之路並不順利，有無數的勇士用自己的生命譜寫出了一曲曲悲壯的篇章。

人類歷史上首位航空遇難者——萬戶

　　萬戶是明朝一位富有人家的子弟，他飽讀詩書，博學多才，但是卻不去投考，因為他不愛官爵，只對科學情有獨鍾。他最喜歡研究的就是發明於宋朝年間的火藥和火箭。當時他就想利用這兩種具有巨大推力的東西，將人送上藍天，因此就做出了一輛捆綁著許多火箭的飛車，實際上，這就是現代固體火箭的雛形。然後，萬戶拿著兩個巨大的風箏坐了上去，這個時候他的僕人勸他說，如果飛天不成，恐怕會性命難保。可萬戶聽後卻仰天大笑三聲，說道：「飛天，乃是我中華千年之夙願！今天，我縱然粉身碎骨，血濺天疆，也要為後世闖出一條探天的道路來。你不必害怕，快來點火！」沒辦法，僕人們只好服從萬戶的命令，點燃

了捆綁在飛車上的火箭，只聽「轟」地一聲巨響，周圍濃煙滾滾，烈焰翻騰，飛車在瞬間就離開了地面，衝向了空中。然而就在地面的人們高聲歡呼的時候，突然一聲爆響從空中傳來，只見高空中的飛車已經變成了一團熊熊燃燒的火球，而萬戶緊握著兩支著了火的巨大風箏從空中跌落了下來，最後摔死在了一座山上。

傳遍世界的太空悲歌

　　雖然在距今500多年前的明朝，萬戶就開始勇於對太空進行探索了。但由於當時所處封建社會的愚昧和無知，在萬戶死後，人們對太空探索的行動就生生停滯了下來。直到20世紀中期，現代火箭被廣泛應用了以後，太空探索才再次被提上日程，而當人們再次向宇宙發出挑戰時，災難又一次降臨了。

　　1986年1月28日，位於美國佛羅里達州的卡納維拉爾角上空萬里無雲，看臺上已經聚集了1000多名觀眾，他們翹首期盼。因為在不久之後，一架載有世界上第一位太空教師的挑戰者號太空梭，就將在

這裡被發射升空。兩個小時過去了，當太空梭外部的冰凌被清除乾淨了以後，火箭終於開始發射起飛。然而就在火箭升空後的1分鐘左右，太空梭突然閃出一團亮光，隨之傳來一聲巨大的悶響。人們抬頭望去，只見整個太空梭爆裂成了一團大火，無數的碎片拖著火焰和白煙四下飛散。這架價值12億美元的太空梭在頃刻間化為烏有，上面包括那位太空教師在內的7名宇航員全部遇難。整起事件通過電視瞬間傳達到了世界的各個角落，人們都驚呆了。在片刻的寂靜之後，整個卡納維拉爾角只剩下了一片痛哭、啜泣的聲音。

還沒出爐就爆炸的火箭

挑戰者號太空梭的失事讓人悲痛，但這僅僅只是人類太空災難中的冰山一角罷了。就在人類第一位宇航員加加林進入太空的半年前，蘇聯曾發生過一次史無前例的火箭大爆炸事故。

原本加加林是要在蘇聯10月革命的紀念日被發射升空的，但是就在兩周之前，太空科學家正在對準備發射的東方號飛船進行最後的調試時，運載飛船的火箭突然發生了爆炸。液氫和液氧的混合物燃燒的沖天大火彌漫了整個基地，包括一位原蘇聯陸軍元帥在內的54人，全身著起了大火。人們自顧不暇，只能眼睜睜地看著身上的火越燒越大，卻想不出撲火的辦法，因為周圍早已成為一片火海。哪怕只是輕喘一口氣，就會吸入滿嘴的濃煙。呼吸都無法進行了，更別提自救了，就這樣，54人全部被活活燒死。這場災難，也成為了人類歷史上死亡人數最多的航太災難。

試想一下，如果不是這場災難，也許人類踏上宇宙的時間，就可以往前再推5個月了。雖然災難可怕，但是它依然擋不住人類探索宇宙的決心，我們只能銘記這些災難的經驗，增加自身的技術含量，從而降低災難的發生了！

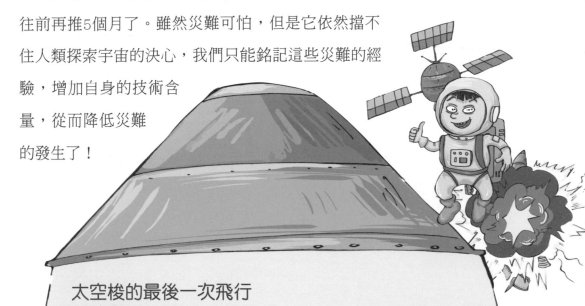

太空梭的最後一次飛行

在 2010 年初，由於發現號太空梭的各個零部件過於老化，美國航空航天局決定在年內再執行 5 次發射，就將永久停飛。也就是說，在 2011 年 2 月，發現號太空梭向空間站運送物資的任務完成後，就會退役了。至此，美國的「太空梭時代」將宣告終結。但是，這並不代表著人類探索宇宙的腳步將就此打住，正好相反，舊的已去，就意味著創新時代的到來。按照美國航空航天局的原定計畫，將在 2020 年重新載人登月，然後再登陸火星。

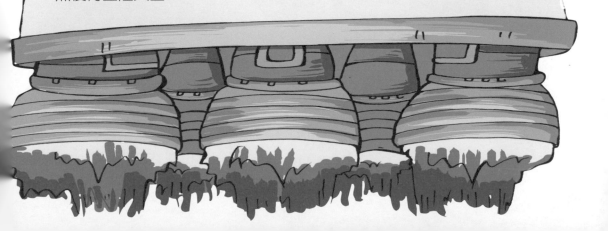

厚厚的一層

愈來愈熱的天氣
——臭氧層危機

當進入夏天的時候，天氣變得愈來愈熱，陽光也愈來愈毒了。因此每當金黃色的光線照射在我們身上的時候，總會覺得像有無數根細小的針紮在身上一樣。閒暇時聽老一輩人說，以前的天氣不是這樣。原來這一切的根源，都是我們頭頂上臭氧層危機帶來的。

紫外線的剋星——臭氧層

紫外線，是太陽照射到地球上的眾多光芒中的一種，屬於人眼看不到的光線。它能夠穿透細胞的細胞膜，給基因帶來永久性的損傷，從而使細胞失去活力或者失去繁殖能力。如果過量的紫外線照射到了人身上的話，就會破壞人體的免疫系統，從而增加人的患病機率，同時，還可能引發皮膚癌和白內障等各種疾病；如果

過量的紫外線照射到農作物上，就會使植物進行光合作用的葉子不斷萎縮，而影響農作物的產量，不僅如此，過量的紫外線還會影響種子的品質，也會使農作物更容易受到病蟲害的侵擾；如果過量的紫外線照射到了水中，就會殺死水中的很多浮游生物，浮游生物消失了，以它們為食的動物就會相應減少，這樣整個生態系統也就完全混亂了。

　　不過還好，在我們頭頂上20～50公里的大氣層中，有一個奇特的地方，那裡有許多味道很臭的氣體。這種氣體是由3個氧分子組成的，所以人們稱它為臭氧，而充滿了臭氧的地方就是臭氧層。臭氧層是地球上所有生物的保護傘，它能夠阻擋陽光中大部分的紫外線，因此是名副其實的紫外線剋星。

被氟氯烴破壞的臭氧層

　　雖然大氣層中都含有臭氧，但實際上臭氧的含量並不高，即使把蔓延了30公里的整個臭氧層壓縮成固體，也就只有薄薄的3公釐罷了。

　　每當人們使用髮膠、空氣清新劑或者冰箱時，都會有大量的氟氯碳化物飄進臭氧層中。在那裡，它們會在太陽的照射之下釋放出氯氣。氯氣是一種能與臭氧發生化學反應的氣體，當它們發生反應之後，臭氧就會變

成普通的氧氣。在20世紀70年代，科學家們就發現了廣泛應用於冰箱和空調中的氟氯碳化物能夠不斷的破壞臭氧層，因此，本來就不算厚的臭氧層越來越薄了，當然，它們阻擋紫外線的能力也就降低了。

臭氧層的阻礙能力低了，那些逃脫了的紫外線就會更加肆無忌憚地「攻擊」人們的皮膚，從而使愈來愈多的人患上皮膚癌。剛開始時，皮膚癌病人的皮膚上形成少許潰瘍面，形狀看起來就像菜花。可是隨著時間的推移，癌細胞竟然能夠侵入到人體的骨骼內。它們在攻擊人皮膚的過程中，還破壞皮膚的結構，從而給人們帶來巨大的疼痛，甚至是死亡。

臭氧層被破壞了，這樣的結局一部分是由太陽活動引起的輻射變化導致，更多的是我們人類自己種下的罪惡種子。如果不減少氟氯碳化物等破壞臭氧層氣體的排放，那麼紫外線會越來越倡狂，夏天的陽光也會愈來愈毒辣。

陽光毒辣的夏天

冬天天氣寒冷，它的陽光「溫柔」了許多，它並不會像夏天那麼毒辣。原來在冬天，雲層的溫度會降低，就在這個時候，那些破壞臭氧層的氟氯碳化物就會因為溫度的原因，還沒來得及到達臭氧層就被高空中的低溫和水分子凝結成一個一個小冰晶，形成「冰雲」，或者隨著降雪落回到地面上。等冬天結束春天來的時候，氣溫開始回升，那些富含氟氯碳化物的冰雲也開始不斷的融化，而囤積了一個冬天的氟氯碳化物會猛烈地衝擊臭氧層，從而使臭

氧層在夏季大幅「縮水」。不僅如此，當地球上的氣溫回升之時，大量的熱空氣會升向高空，極大地衝擊了一整個冬天形成的臭氧層。在衝擊中，有很大一部分臭氧就會被空氣帶到較低的空中，所以夏季會有更多的陽光進入地球。

所以珍惜我們賴以生存的環境吧！臭氧層已經被一點點地破壞，而人們也在不斷的為自己的行為付出代價。如果臭氧層被澈底破壞的那一天到來，災難就會降臨到每個人的身上，那時候我們將會失去這道賴以生存的天然屏障，直接與紫外線「親密接觸」。

讓南極企鵝岌岌可危的臭氧空洞

自 20 世紀 70 年代以來，地球上空的臭氧層總量就開始明顯減少。在 1985 年，南極洲的上空竟然出現了一個面積相當於整個美國大小的臭氧層空洞。雖說南極洲的上空仍有臭氧層，可是臭氧層已經稀薄到令人匪夷所思的地步了。就好像一個氣球的大半都被磨得十分薄了，前後通亮，看起來很快要破掉似的。並且這個空洞還在繼續擴大，根據人們得到的資料顯示，南極臭氧空洞的最薄處只有 1 公釐左右的厚度了，如果再不採取措施，地球上的生物將岌岌可危。

病毒災難

滿世界都是老鼠的影子……

肆虐300年的
歐洲黑死病

動畫片《貓和老鼠》中的小老鼠傑利每天都會和湯姆貓發生很多的趣事，大家都會因為傑利的可愛而喜歡上老鼠。可是現實生活中老鼠實在是太令人憎惡了，牠們會給人類帶來非常廣泛的傳染病——鼠疫，又叫「黑死病」。只要鼠疫暴發了，它波及的範圍就會很廣，我們都不曾想到，小小的老鼠竟會讓比牠體積大好多的人類成千上萬地死去。

可怕的鼠疫肆虐歐洲300年

誰都不曾想到，小小的老鼠帶來的傳染病竟然如此神奇，從1348年開始，短短的幾年時間，它將整個歐洲變成了魔鬼區域。在這片土地上，超過1/3的人口，總計2500萬人因鼠疫而喪生。哪怕在之後的300年裡，黑死病也在不斷造訪歐洲和亞洲的城鎮，使人們一直沉浸在心驚膽戰的日子裡。

大約在650年前，歐洲遭遇了歷史上最恐怖的「襲擊」。攻擊人們的不是多麼厲害的武器，而是最恐怖的瘟疫，罪魁禍首竟然是小小的老鼠。傳染上鼠疫的人可能剛剛還在大街上走著，下一秒就倒在了地上，停止了呼吸；或者因為家裡冷清，自己在家中嚥氣。等到被人們發現的時候，屍體已經失去原樣，發出臭氣沖天的腐爛味道。許許多多出門在外的人會看到：田園沒有人在耕作，街道上到處都是家禽、家畜，而牠們的主人是否還活在這個世界上，都還是個未知數。

除了歐洲大陸，鼠疫還通過搭乘帆船的老鼠身上的跳蚤蔓延到英國全境，直至最小的村落。生活在英國中世紀的城鎮裡的人非常多，城內垃圾成堆，汙水橫流，更糟糕的是，他們對傳染性疾病幾乎一無所知。所以他們就把仇恨的目光集中到貓、狗等家畜身上，殺死所有的家畜。沒有人會憐憫這些弱小的生靈，因為牠們被當作瘟疫的傳播者。

通過老鼠身上的跳蚤傳播的鼠疫

人類很少與老鼠有直接的接觸，怎麼能夠傳染上鼠疫呢？原來黑鼠和白鼠都能夠做鼠疫的傳播介質，而寄生在牠們身上的跳蚤就能夠傳播

鼠疫的病原體——鼠疫桿菌。鼠疫桿菌不但能夠通過跳蚤在老鼠與老鼠之間傳播，還能通過跳蚤經過家畜、寵物等傳播給我們人類。如果家裡養的寵物狗身上有蝨子，恰巧蝨子通過老鼠傳染了鼠疫桿菌，那麼人類就很有可能被傳染上鼠疫了。

得了鼠疫的人，通常皮膚上會出現一塊塊的黑斑，常會渾身發抖，有時還伴有發熱。對於傳染上這種病的患者來說，痛苦地死去幾乎是無法避免的，沒有任何治癒的可能，所以，這種特殊的瘟疫又被人們稱為「黑死病」。

鼠疫並不是單一的傳染病，它的種類還分很多種：如果鼠疫桿菌是通過感染的蚊蟲叮咬或傷口進入人體，淋巴腺就會腫脹疼痛，這是最常見的鼠疫感染形式，如果不及時治療，會引發敗血病鼠疫；如果鼠疫桿菌被吸入後停留在人的肺部，就會引起肺炎鼠疫，這種類型的鼠疫可以在人與人之間傳播；如果鼠疫桿菌進入到了血液裡，就會引發敗血症，這就是敗血鼠疫。

任重道遠的預防鼠疫之路

既然鼠疫這麼可怕，人類就不能澈底地解決鼠疫，讓鼠疫永遠都不再發生嗎？其實像老鼠、蝨子這樣的動物是自然存在的，所以我們要將鼠疫完全根治現在還是不可能的。因為

由野鼠傳至家鼠的過程是人類根本無法控制的，當然，再由家鼠傳染到人也不屬於意外事件。而現代交通工具的發達，又為鼠疫的傳播和流行提供了外在的條件。

鼠疫曾經給我們人類帶來了巨大的災難，讓無數的人喪命。但是科學在進步，在科學面前，鼠疫已經不是不治之症了。雖然如此，但是我們仍然要認識到，早期發現並治療和防止這種傳染病的擴散最關鍵。

近視眼的老鼠

眾所周知，老鼠的視野半徑只有 12 公分，是天生的高度近視眼，又是道道地地的色盲。五彩繽紛的世界在老鼠看來，卻是一片灰黑，這也正好就是老鼠白天很少活動，夜間卻很猖獗的原因。老鼠在生活中鬧出的笑話也非常多。曾經就有兩隻飢餓的老鼠把刻花的臉盆拖到老鼠洞口，便開始咬它，想把它分成塊運進洞去。可是，老鼠們東咬西咬，那個大「蛋糕」卻安然無恙。沒辦法，牠們只好把「蛋糕」放在老鼠洞口前。其實那不是蛋糕，只是一隻刻著美麗花紋的盆子而已。

頭好痛啊！感冒了嗎？

無法估量損失的黃熱病

你聽説過黃熱病嗎？其實它是由黃熱病病毒引起的一種傳染病。得了這種病的人全身發熱，像感冒一樣，並且皮膚顏色發黃，看起來非常的可怕。黃熱病曾經在歐美等國瘋狂流行，無數的人因染上這種病而死亡，可以説它給人類帶來的損失是無法估量的。

通過蚊子傳染的黃熱病

每當夏天來臨的時候，我們總是受到蚊子的「攻擊」，會被蚊子叮得滿身大包，可以說對蚊子的叮咬是防不勝防。在大多數人眼裡，牠是一種以吸食人和其他動物的血液為生的討厭東西。其實這樣的蚊子已經並不算可怕了，被咬的我們只是因為皮膚癢癢苦惱而已。然而，在世界上有一種名為埃及伊蚊的蚊子，牠能夠攜帶黃熱病病毒，然後通過叮咬人的方式傳播這種病毒，嚴重的人會因為患上這種疾病而死亡。原來當蚊子吸入了帶有黃熱病病毒人的血液之後，還會去叮咬其他的人，就這樣黃熱病病毒就被傳染到了另一個人的體內。病毒進入到人體內，會迅速

地擴散和繁殖，數日之後就會進入到血液循環，引起人體主要器官的病變，病毒最主要攻擊的就是肝臟，因此患者的肝臟通常會嚴重病變。

得了這種病的人剛開始的時候只是寒冷和發燒，看起來就像感冒了一樣。慢慢的就會發生嚴重的嘔吐——嘔吐物因胃出血而發黑。等兩、三天之後，幸運的人就會好轉並且以後都不會再得這種病，而不幸的人隨後就會發燒和吐黑血，牙床和鼻子開始滲血，皮膚顏色慢慢發黃，精神慢慢開始失常，甚至陷入昏迷，直到死亡才能結束他們的痛苦。

黃熱病引起的「美洲瘟疫」

大約是在17世紀，藏在船上的蚊子從非洲「偷渡」過大西洋前往美洲，在路上的時候，攜帶黃熱病病毒的蚊子就「咬死」了許多水手，所以當船最終到達港口的時候，幾乎絕大多數的水手都已經死亡了。

可是，蚊子並不管那麼多，在牠沒有被人們發現時，就已經悄悄地溜上了岸，繼續尋找下一個吸血目標。當然，牠在吸血的時候還順便把病毒吐進那個人的身體裡，至於到底岸上又有多少人被蚊子「咬死」，已經無從查證了。

如果一種病可以用瘟疫來命名，那就不是問題不大的傳染病了，它可能會引起大面積的流行和死亡。得了這種病的患者在發病的一個月裡，就有80％的患者死亡，屍體多到沒地方埋葬。因為是靠蚊子傳播，所以傳播的速度非常的快，很快就進一步在中美洲各地登陸。許多黑人對黃熱病都有很強的免疫能力，而可憐的白種人卻成為了牠主要的攻擊對象。

在18～19世紀，歐洲的大西洋和地中海沿岸的一些地區也都經常遭到黃熱病的襲擊。1800年夏季，西班牙南部港口城市加的斯暴發了黃熱病，造成數千人死亡，9月的時候已經達到每天死亡200人。由於教堂舉行葬禮忙不過來，晝夜24小時的喪鐘取代了單獨為每個死者敲響的喪鐘。

黃熱病疫苗的產生降低了人們的恐懼

經過研究發現，造成黃熱病的病毒起源於非洲的捲尾猴和獼猴。非洲的蚊子叮咬了帶毒的猴子後，就會傳播給人類。由於非洲比較早就經歷了黃熱病

的洗禮，很多人對黃熱病具有了免疫力。自從知道了病因以後，科學家們就開始研究抵抗黃熱病的疫苗，直到1936年仍然一無所獲。

　　1936年科學家們從一個非洲青年身上得到了黃熱病病毒，這種黃熱病病毒非常的脆弱，它不再能讓人得上黃熱病，卻能讓人獲得抵抗黃熱病的免疫力。後來，科學家們用這個青年身上的黃熱病病毒研製成的疫苗拯救了數百萬人的生命。黃熱病疫苗的產生，一方面降低了人們對黃熱病的恐懼，另一方面防制黃熱病大規模的暴發，像之前那樣的災難已經成為永遠的歷史。

還能傳播登革熱的埃及斑蚊

　　我們知道，埃及斑蚊是黃熱病的主要傳播媒介。可是你知道嗎？埃及斑蚊可不是個安分的「良民」，牠還是傳播登革熱的間接「劊子手」呢！登革熱是一種急性的傳染病，它的傳播速度非常快，並且攻擊能力很強。人們被帶有病菌的埃及斑蚊「攻擊」之後，就會因抵抗力差而患病，嚴重的時候會引起大出血，從而導致休克或者死亡。

皮膚上都開了「花」

死神的幫凶
——天花

世界上的傳染病千千萬萬，有些被塵封在厚厚的歷史書頁之中，還有些時至今日仍然揮之不去。如果要在這些傳染病之中來一個恐懼排行的話，那麼天花絕對能夠排在前十名的位置。這不僅是因為它導致超過1億的死亡人數，而且還因為它帶來超過3億以上的天花失明或者終生破相的後遺症。

天花是猖獗的劊子手

其實在很早以前，人類就已經發現天花這種急性的傳染病，不管是在古代的中國、印度還是埃及，都有著相關的記錄，甚至科學家還在距今3000多年統治埃及的法老木乃伊的頭上，考證出了天花的疤痕。

　　許多的時候，天花決定了文明的興衰。大約在西元6世紀的時候，歐洲出現了天花，總數超過1億人的死亡摧毀了一個地跨三大洲、強盛一時的羅馬帝國。在16世紀的時候，天花又隨著歐洲殖民者的腳步來到了美洲大陸。由於當時美洲大陸的印第安居民從來沒有得過天花，因此對這種突然出現的病症束手無策，以至於當時昌盛一時的阿茲特克帝國，雖然抵擋住了西班牙侵略者，卻沒能逃過天花的魔爪。一位親眼目睹當時慘狀的西班牙殖民者曾這樣描述：「在一些地方滿門皆絕。死者太多，以至無法全部掩埋；而臭氣漫天，只好推倒死者房屋以作墳墓。」到了19世紀，西方殖民者們又把天花帶到了夏威夷，導致夏威夷的當地居民有80%都慘死在了天花之下。20世紀初，天花使得南美洲的卡亞波部族幾乎絕種。歷史上，這樣的例子數不勝數，因此人們也稱天花為「猖獗歷史的劊子手」。

讓人長出滿臉膿皰的天花

　　天花是一種由天花病毒引起的烈性傳染病，它具有高度的傳染性，凡是沒有患過天花或者沒有接種過天花疫苗的人，不分男女老幼，都有可能感染上這種疾病。它主要是通過飛沫或者直接的接觸傳染，而當人感染了天花病毒之後，可能會有10天左右的潛伏期，在此期間可能不會感覺到任何問題，等潛伏期一過，就會急性發病，多以頭痛、背痛、發冷或者高熱等症狀開始，此時人的體溫可能會升至41℃以上，並且還伴有惡心、嘔吐等病症；在發病3～5天之後，人的額頭、面頰、手臂和身上各個地方，都會開始出現大小不一的皮疹。皮疹開

始時是紅色斑疹，兩天以後就會轉變成為皰疹和膿皰疹；而在膿皰疹形成後的兩天，如果人的身體素質較好，那些膿皰疹就會逐漸乾縮而結成厚痂，並在一個月後脫落。只留下那滿身的難看疤痕，尤其以臉部較為明顯。因此可以導致人完全的毀容，形成「麻子臉」，或者導致完全的失明。如果病症嚴重的話，就會產生如敗血症、骨髓炎、腦炎和支氣管炎一類的併發症，進而導致死亡。因此，天花也被人形象地稱為「死神的幫凶」。

把牛身上的膿皰種到人的身上

雖然天花的危害極大，但是所幸的是，天花病毒並不像流感病毒一樣善變，也就是說，我們只要得過一次天花，以後就可以終生對天花免疫了。

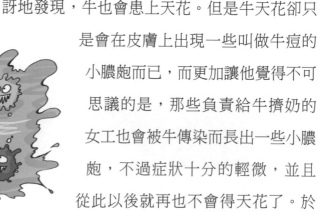

現在，人們都可以通過從小接種牛痘來預防天花，這個功勞要歸功於英國的一位鄉村醫生。這位醫生在一次鄉村視察時驚訝地發現，牛也會患上天花。但是牛天花卻只是會在皮膚上出現一些叫做牛痘的小膿皰而已，而更加讓他覺得不可思議的是，那些負責給牛擠奶的女工也會被牛傳染而長出一些小膿皰，不過症狀十分的輕微，並且從此以後就再也不會得天花了。於是，這位英國醫生大膽嘗試，用針在一位

小男孩的手臂上畫了兩道小小的傷口，並把牛痘擠破，將牛痘裡面的淡黃色膿漿滴進傷口，在後來的跟蹤調查中，這個小男孩果然沒有再患過天花。於是，在種牛痘的方法被證明可行之後，就被逐漸推廣向了　世界各地。

惡貫滿盈的天花終告滅亡

　　在 1979 年 10 月 26 日這一天，世界衛生組織的檢查人員在近兩年的時間裡，對最後一批尚未宣布消滅天花的肯亞、衣索比亞、索馬里和吉布地 4 國進行了調查，結果發現這 4 個國家的確已經消滅了天花疾病，於是世界衛生組織在肯亞首都對全世界宣布，人類已經完全戰勝了天花的消息。

　　天花曾是我們這個世界上嚴重危害人們的傳染病之一。幾千年來，使得無法估量的人們死亡或者毀容，即使是在英國醫生發明了牛痘疫苗之後，天花病患者的死亡率仍然高達 1/3，直到 1979年，才完全消滅在非洲的農村，這不得不說，是一個讓人興奮的好消息。時至今日，天花病毒已經永遠告別了我們的生活，只保留在一些國家的實驗室中，以供研究之用。

狂肚子直不起腰

拉肚子也可致死的霍亂

你經常喝未經淨化處理的生水嗎？或者你經常不洗手就直接抓東西來吃？或是吃了一些來路不明、不乾不淨的食物？如果以上幾點你都做到了的話，那麼你有可能會被一種霍亂弧菌問候。它會讓你上吐下瀉，嚴重的還會為你訂下一張去往陰曹地府的單程機票。其實早在19世紀，霍亂就已經開始嶄露頭角，並給世界帶來了無法預知的災難。

19世紀的世界病

在19世紀之前，似乎還沒有發現任何有關霍亂大流行的確切記載，因此，霍亂第一次大流行，應該是從1817年全球性霍亂開始的。

19世紀初，隨著工業革命的發展與科學革命的興起，交通工具有了長足的進步，讓全球的聯繫更加緊密了。這也在無形之中，給疾病的流行製造了便利的條件。此外，教徒們的朝聖以及連綿不斷的戰爭，也同樣給病菌的傳播提供了極大的機會。在1817年，一種特別嚴重和致命的霍亂病在印度的加爾各答地區突然流行了起來，隨後，在來往穿梭於世界各地的商人和旅行者的幫助下迅速向全球傳播，很快便擴散到了中東、東歐以及東南亞的各個國家。而在1826年的第二次大流行中，霍亂成功地抵達了俄羅斯，然後蔓延到了整個歐洲，僅1831年一年，就有超

過90萬人因此喪生。隨後霍亂在1832年登陸北美，僅僅20年不到，因霍亂而死亡的人數達到數百萬之巨。後來，人們就給霍亂冠以「最令人害怕、最引人矚目的19世紀世界病」的稱號。

拉肚子也會死人

霍亂是一種急性的腹瀉疾病，主要由不潔淨的飲食引起，當足夠多的霍亂弧菌成功地逃脫了胃酸的撲殺，進入到小腸之中時，就會在小腸內迅速繁殖，從而產生大量的強烈毒素，導致腸液的大量分泌。這個時候，病人一般不會有明顯的疼痛感，但是卻總是上吐下瀉，次數多到無法統計。嚴重的腹瀉和嘔吐會導致體液和電解質的大量丟失，從而形成血壓下降、脈搏微弱，血漿比重明顯增高和尿量減少甚至無尿的現象出現。這個時候，由於體內的有機酸及氮元素產物的排泄功能受到了霍亂的阻礙，患者往往還會出現酸中毒以及尿毒症的一些症狀。同時，由於血液中電解質的大量丟失，患者會出現全身性的電解質紊亂，從而導致全身肌肉張力減弱、心律不整等。

連續的腹瀉會讓患者的身體出現脫水，而患者的外觀表現也極為明顯：經常能夠看到他們眼窩深陷，聲音嘶啞，皮膚乾燥皺縮及彈性消失，如果用手觸摸一下患者四肢的皮膚，可以感到四肢冰涼；有時候身體還會伴有肌肉痙攣或者抽搐。這個時候，若能及時送至醫院搶救，還有生存的希望，否則就很有可能會因為脫水休克，嚴重的還會因循環衰竭而死亡。

不衛生的潛伏者

不過雖然霍亂十分的可怕，但是我們也無需過分的緊張，因為它是一個不衛生的潛伏者。它經常潛伏在糞便和垃圾等浸泡過的髒兮兮的汙水裡，還有各種有機物含量較高的水源中。只要我們能夠保持周邊的環境衛生，加強飲水和食品的管理，確保任何吃進肚子裡的東西是安全的，就可以防止「病從口入」。同時做到「五要」和「五不要」，即飯前飯後要洗手，買回海鮮要煮熟，隔餐食物要熱透，生熟食品要分開，出現症狀要就診；生水未煮不要喝，無牌餐飲不光顧，腐爛食品不要吃，暴飲暴食不要做，有霍亂汙染嫌疑的物品未消毒不要碰，那麼就基本上可以和這個討厭鬼說再見了。

即使是你不小心已經患上了霍亂，也不需要緊張，因為霍亂病的死亡率並不高，只要我們遵照醫囑，按時服藥，多多休息，多多補充水分，很快就可以復原了。如果家裡有人不小心患上了霍亂的話，也要盡快送到醫院裡去，因為霍亂的傳染速度是非常驚人的，如果患者不盡

快送去醫院的消化道傳染病區進行隔離的話，那麼霍亂會很快的蔓延開來，到時候不但是家裡人，甚至給整個社會都會帶來意想不到的災難！

距離我們較近的安哥拉霍亂

　　暴發在 2006 年的安哥拉霍亂，是距離我們比較近的一次霍亂大流行。這個位於非洲西南部的國家由於經歷了長期的內戰，導致國內的醫療衛生基礎設施嚴重的破壞，再加上其居民的預防意識比較淡薄，於是，就給霍亂提供了良好的滋生土壤。根據世界衛生組織提供的報告，自安哥拉首都魯安達在 2 月 13 日開始出現霍亂疫情以後，僅僅 3 個月的時間，疫情就蔓延到了全國 18 個省中的 11 個，患者人數超過了 5 萬，死亡人數也達到了破天荒的 2000 人以上。要知道，現在可不是醫療落後的 19 世紀，對於 21 世紀來說，霍亂，仍沒有走遠。

肺裡面長蟲子了……

古老的白色瘟疫—結核病

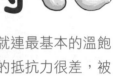

在舊社會，由於我們國家十分的落後，不僅缺醫少藥，甚至就連最基本的溫飽問題都解決不了，因此，大多數人的身體素質不高，對疾病的抵抗力很差，被西方稱為「東亞病夫」。就在那個黑暗的年代，出現了一種讓所有人聞之色變的疾病，即癆病，也就是我們現在所說的結核病。

蔓延古今的傳染病

結核病是一種很古老的傳染病，它是由結核病菌侵入人體全身的各個器官產生的疾病。這種疾病似乎在人類誕生的初期，就已經陪伴在我們左右了。在數千年前新石器時代的人類骨化石上，考古學家就已經發現了脊柱結核。在我們國家最早的醫書《黃帝內經》中就有類似的記載：「大骨枯槁，大肉陷下，胸中氣滿，喘息不便，肉痛引肩項，身熱。」意思就是說人瘦弱得和枯萎的

樹木一樣，整個胸膛發生變形，發病一側的胸腔會有一些微微的塌陷，呼吸不暢，並且還會伴有頸肩的疼痛，身體發熱等等。哪怕到了近代，在魯迅的筆下，仍然還有吃沾了人血的饅頭來治療癆病的人，而這種癆病，其實就是結核病。只不過在當時科技並不發達，人們由於弄不清楚結核病的發病原因和病理，就以為是一種叫做「癆蟲」的小蟲子鑽進了人的身體裡，吸食了人的精血所致。在科技不發達的年代，由於缺少治療的辦法，因此就在民間形成了「十癆九死」的說法。

　　據不完全統計，僅在20世紀的20年代末，就有近千萬的結核病患者，並且每年死於結核病的人數要超過120萬。不僅在大陸，在西方也是一樣。以19世紀的歐洲為例，有數百萬人患有結核病，其中有超過1/3的患者因此而死亡。就是在科技發達的現代，每年都至少要新增1000萬的結核病患者，在南亞的孟加拉，平均每兩分鐘就有一人感染結核病，每10分鐘就有一人因此而喪生。

「青睞」女性的結核病

　　其實如果我們翻開結核病的感染史，就會發現一個十分有趣的問題，那就是女性的感染者明顯要多於男性，這是為什麼呢？難道是因為男性的身體抵抗力比女性要強嗎？當然不是，這是因為在過去，由於女性的社會地位低下，只需要在家裡負責家務勞動等事情，再加上落後的風俗和

經濟困難等原因，造成了女性即使患了結核病也不容易被發現，所以就因為沒有良好的治療而死亡。據不完全統計，有至少1/3死於結核病的女性都是在生前沒有被診斷出來的。此外，青春期少女和懷孕期的婦女由於體內的激素變化、營養失調和產後哺乳等原因，常常造成免疫系統被削弱，因此，在25～40歲左右的女性患上結核病的概率要遠遠大於同齡的男性，所以，在西方有一位研究結核病歷史的專家就曾經這樣說過：「結核病就像是一個手段齷齪的卑鄙小人，只懂得挑那些弱勢群體發動攻擊。」

戰勝結核病並不是一種幻想

你知道嗎？目前平均每年依然會有超過13萬人死於結核病，是其他所有各種傳染病和寄生蟲病死亡人數總和的兩倍還多。結核病是名副其實的第一殺手，那麼，對於結核病的肆意倡狂，難道我們就束手無策嗎？

當然不！我們要與這個惡毒的病魔戰鬥到底！首先，我們要注意鍛鍊身體，增強自己的體質，不要給這些病菌任何的可乘之機。而且，我們還不要隨地吐痰，因為很多人都是結核病的隱性患者（就是那些身上

帶有結核病菌，但是卻沒有發作出來的人），如果隨地吐痰的話，就很容易將病菌傳染給他人。其次，既然對付結核病的疫苗早在1921年就生產出來了，我們就要好好地利用手裡的武器。現在，經常見到的對付結核病的疫苗就是卡介苗了，因此，人們應該定期接種卡介苗，讓自己的身體對結核病產生天生的抗體，這樣一來，結核病的患病率就會降低，曾經的災難也就不會再次上演了。

林黛玉病態美的原因

《紅樓夢》的女主角林黛玉，因為那種多愁善感和鬱鬱寡歡的性格，博得了許多人的同情和喜愛。我們知道，林黛玉之所以會形成這種性格，和她從小便患有一種「不足之症」以及她家道中落、父母雙亡的生長環境密不可分，那麼，這位國色天香的林妹妹，她的這種不足之症到底是什麼病呢？讓我們來看看小說裡的描寫吧！她「每年到了春分和秋分前後，必犯舊疾」，並且「咳嗽數聲，吐出好些血來」「時常頭暈和氣血虛弱」等，再加上林黛玉經常面色不正常的紅潤，這一切的一切，都與肺結核病的表現如出一轍，因此，我們可以斷定，曹雪芹筆下的林妹妹之所以會呈現出一種病態美，就是因為那可惡的結核病所致。

感冒原來這麼可怕

人類歷史上的大劫難——西班牙流感

第一次世界大戰，整個歐洲戰火連天，直接和間接死於戰爭的人數達到1000多萬。可是就在這次大戰快要結束的時候，一場流感的暴發，奪去了超過2000萬人的生命。這場流感就是20世紀初，人們談之色變的西班牙流感。

殺傷力巨大的「感冒」

「西班牙女士」這個名字十分優雅，但是在這優雅的背後，卻是代表著大範圍傳染和高死亡率的「西班牙流感」。其實西班牙流感並不是從西班牙開始的，而是出現在美國的一個軍營裡。在1918年，這個軍營裡的一位士兵突然感到發燒和頭疼，於是便到部隊裡的醫院看病，當時醫生認為他只患了普通的感冒，但接下來的情況卻出人意料。等到了中午，軍營裡的100多名士兵都不同程度地出現了相似的症狀，幾天之後，

這個軍營裡竟然出現了超過500名以上的病人。而在隨後的幾個月裡，這種感冒就像幽靈一樣幾乎席捲了美國的全部軍營。不過此時這種感冒的死亡率並不高，因此並沒有引起美國政府的注意。

後來，感冒傳染到了西班牙，卻猛然暴發，一共造成了超過800萬西班牙人的死亡，因此流感便被標注上了「西班牙」三個字。西班牙流感很奇怪，往常的流感暴發總是容易攻擊免疫力低下的老人和孩子，但是這一次，20～40歲的青壯年人群也成為了死神的追逐目標。直到數月之後，西班牙流感就像一個高明的殺手，在作案之後銷聲匿跡。可是它給人們帶來的損失卻是巨大的，在這場災難中有幾千萬人失去了生命，同第一次世界大戰的死亡人數相比，這個數字實在是太觸目驚心了！

永遠發生變化的病毒

在地球上，流感已經有了超過2000年的歷史，而發生在1918年的西班牙流感，危害程度甚至超過了讓歐洲人恐懼了幾個世紀的鼠疫。可千萬不要小看這種流行性感冒，雖然它的死亡率很低，只有3％左右，但是它的傳染性卻非常的高。如果有10億人感染的話，那麼死亡人數也是極為恐怖的。

但是這還不是它最為可怕的地方，最恐怖的是這種傳染病的不穩定性。也就是說，它永遠在變化之中。一般的病毒，只要人患過一次，就能終生免疫。但是西班牙流感就好像是一個高明的罪犯一樣，總是在不斷變化著自己的形象。即使偶爾被你的免疫系統抓到了，並且記下了它的模樣，等到它下一次來襲的時候，又會換上另一身馬甲，甚至還會像

演員一樣化一化妝，這時候免疫系統還記著它原來的形象呢！因此很自然地就將它放行，而此時的你就難逃患病的噩運了。

像幽靈一樣飄蕩在我們身邊的殺手

西班牙流感已經過去將近一個世紀了，但是科學家仍對其保持著足夠的警惕。他們致力於尋找西班牙流感的病原體，以防止類似的悲劇重演。但是這項工作的展開可不容易。因為西班牙流感病毒的不穩定性，在暴發過後，它們就會偽裝潛逃。在20世紀50年代，美國曾組織考察隊奔赴極北的阿拉斯加，期望能在那些深埋於凍土之中的病人屍體身上找到當年肆虐的西班牙流感病毒的病原體。然而讓人失望的是，這些屍體由於解凍後的腐爛而失去了研究的價值。

因此，西班牙流感這個惡貫滿盈的凶手，在作惡了將近一個世紀之後，仍然逍遙法外。不僅如此，流感病毒就像是

一個幽靈一般，飄蕩在世界的各個角落，時刻
準備著威脅我們人類的生命。此後，1957年的
「亞洲流感」，1968年的「香港流感」，以
及1977年的「俄羅斯流感」都在提醒著我們，
其實它並未走遠。也許不經意的某一天，它又
會重新伸出魔爪，再次掠奪人們的生命。

與西班牙流感極其相似的甲流

　　據美國研究人員的報告稱，在
2009年暴發的全球性甲型H1N1流感病
毒與1918年肆虐歐洲的西班牙流感病毒具
有超乎想像的相似之處。他們首先為實驗鼠接種
了西班牙流感病毒的疫苗，並將牠們暴露於甲流的環境
中，結果發現這些實驗鼠無一死亡；同樣當研究人員給實驗鼠接種了甲
流疫苗以後，牠們也能同樣不受西班牙流感病毒的侵襲。不僅如此，甲
流和西班牙流感都是從上呼吸道散布至肺，進而引發肺炎，最終導致人
們因為呼吸衰竭而死亡。那麼，甲流到底是不是西班牙流感的再一次重
出江湖呢？

比戰爭更厲害的傳染病

戰爭的魔爪
——斑疹傷寒

當隆隆的槍炮聲響起，刺鼻的硝煙彌漫的時候，我們知道戰爭爆發了。每一次戰爭的爆發，都會帶走許多人的生命，同時，還會讓無數的家庭支離破碎。可是你知道嗎？在戰爭中，殺傷力再大的槍炮都不是最恐怖的，而最恐怖的其實是在戰爭中流竄起來的傳染病，比如說，斑疹傷寒。

蝨子糞便帶來的致命疾病

1618年的5月23日這一天，捷克爆發了農民起義，當憤怒的群眾衝進了王宮，把國王和欽差從20多公尺高的視窗扔出去的時候，歐洲的德國和西班牙等國組成的天主教聯盟與法國、瑞典和荷蘭組成的新教聯盟兩大對立集團欣喜若

狂，因為他們知道，他們盼望已久的戰爭藉口終於來了。隨後，在長達30年的時間裡，兩大集團不斷交戰，最終造成了整個歐洲超過1000萬人口的死亡，這個結果並不是軍隊的堅槍利炮造成的，罪魁禍首卻是斑疹傷寒。

在當時的歐洲，人們的生活條件並不理想，交戰雙方的士兵常常擠在汙水橫流、臭氣沖天的骯髒環境中。在那裡，一個個比米粒還要小的蝨子會在不經意間，悄悄地爬到人們的身上，然後用牠那尖銳的口器，畫破人的皮膚，吸取血液。同時，牠們還會排泄出帶有大量傷寒桿菌的糞便，這些糞便小得就像塵埃一樣，很容易透過人的呼吸或者是身體上的傷口進入人體內；而且在那時，人們忙於戰爭，對衛生條件也沒有太大的認識，自然就顧不上驅除蝨子的事情。這樣一來，蝨子在人群之中的肆虐就給斑疹傷寒的大規模流行創造了條件。

戰場上看不見的殺人狂魔

隨著蝨子在軍營裡的肆虐，大量的傷寒桿菌進入了人體。牠們隨著血液流入到肝、脾、膽囊、腎和骨髓後，便開始迅速繁殖。這個時候的人們並不會出現任何的不適反應，然而等到這些傷寒桿菌繁殖到了一定階段以後，就會再一次地進入血液，並在血液裡釋

放強烈的毒素，引發病症。這時，人們會驚訝地發現，在自己的身上，不知道從什麼時候開始，出現了一個個的小紅疙瘩，這就是皮疹。皮疹經過時間的流逝，會慢慢地擴大，數量越來越多。它們連接成片，從最先開始的胸腹部蔓延到四肢，隨後，患者會出現10多天的高燒不退，同時還伴有全身不適、乏力和咽痛等。人們都以為自己得了感冒，因此並沒有太多的關注。可是傷寒桿菌並沒有停止對人體的侵害，它們進入腸道後便產生嚴重的發炎反應，從而導致腸道組織的壞死和出血，甚至還會在人們的腸子上形成穿孔，使人們疼痛難耐。不僅如此，傷寒桿菌還可以引起肺炎和腎功能衰竭，從而導致人們精神錯亂和昏迷，最後因心力衰竭而死亡。由於斑疹傷寒是隨著蝨子的糞便飄散在空氣之中，通過士兵們的傷口或者是粘附在水和食物上傳播的，因此有士兵稱之為「戰場上看不見的殺人狂魔」。

任何人都可能患上的世界性傳染病

雖然斑疹傷寒經常在戰爭中嶄露頭角，但並不意味著它只會在軍營裡發生。實際上，蝨子和跳蚤都可以傳播斑疹傷寒，也就是說，只要在蝨子和跳蚤橫行的地方，都有可能感染斑疹傷寒，哪怕

是接近北極的俄國也不例外。第一次世界大戰的時候，俄國由於戰爭，國內動盪不安。就在這時，斑疹傷寒適時出擊，讓超過3000萬的俄羅斯、波蘭和羅馬尼亞人受到感染，超過300萬人因此而喪生。

不過隨著全世界醫療和衛生條件的不斷改善，斑疹傷寒的活動範圍變得越來越小。現在，由於傷寒疫苗的使用，斑疹傷寒在發達國家已經銷聲匿跡了，但是這並不代表它的澈底隱退。在南美洲、非洲和亞洲的一些落後地區，斑疹傷寒仍然時不時地亮出它的「尖牙利爪」，威脅著人們的生命。對於一些不講衛生的人來說，在他們家裡橫行無阻的老鼠、跳蚤和蝨子仍然在等待著機會，如果時機成熟，斑疹傷寒仍然會肆無忌憚地傳播。

揭示人類何時開始穿衣服的蝨子

人類是什麼時候開始穿衣服的？要回答這個問題恐怕很困難，因為我們根本不可能找到那個時候的衣服。於是，科學家就突發奇想地把研究對象放到了一種寄生在人類身上的寄生動物──蝨子身上。一般在人體上，寄生著體蝨、頭蝨和陰蝨3種蝨子，在這3種蝨子裡，只有體蝨是寄生在我們衣服之中的，因此通過科學家的研究發現，體蝨是在大約19萬年以前進化出來的，也就是說，我們人類至少有19萬年的穿衣服歷史了。

使你慢慢地融化，五臟六腑大出血

人間的凶器——
埃博拉病毒

如果說，在這個世界上有什麼東西最讓人感覺到恐懼的話，那麼一定就是非埃博拉病毒莫屬了。不僅僅是因為它那很高的死亡率，同時也是因為它死亡前的慘狀。曾經有一位醫生作出過這樣的評價：如果把愛滋病病人死前一年的慘狀集中到一個星期內出現，那就是埃博拉病毒。

埃博拉病毒的出現

埃博拉病毒是一種神祕而危險的病毒，它最早出現在非洲一條名為埃博拉河附近的小村莊中，那一年是1976年，這種病毒在埃博拉河附近的55個村莊以及鄰國蘇丹和衣索比亞大肆流行，造成了1000多人的死亡。醫生們經過研究，發現了這種置人於死地的病毒，並稱它為「埃博拉病毒」。

在1995年，埃博拉病毒又再次光臨非洲剛果共和國，一位30多歲的醫學實驗員突然得病被送進醫院，經過兩次手術他的內臟出血仍然沒有止住，並且

很快就死亡了。在病人死後不久，給他做手術的
醫生、護士也陸續病倒，而且都出現了與死
者相同的症狀：頭痛、發燒、全身內臟
大出血，很快也都相繼死亡。一個星期
之後，死亡的人數越來越多，整個剛果
人心惶惶，誰也不知道這種可怕的病
症什麼時候會暴發在自己身上。

　　為了警告人們這種病毒的可怕，政
府在街上掛滿了宣傳畫，從而提醒人們要警惕埃博拉病毒。同時，政府還
採取了一系列的措施來控制病毒的蔓延，可是效果實在微乎其微。其實，
為了避免病毒的傳播，最好的方法就是將死者的屍體火化，可是當地的人
們有一個十分奇特的風俗：他們認為死者入葬前必須要有親人的陪伴，並
且要親手為他洗淨身體，這樣就加速了埃博拉病毒的傳播。在當時的荒郊
野外有很多無人認領的屍體，他們橫七豎八地躺在荒涼的土地上，場面看
起來淒慘極了。

恐怖的致命病毒

　　其實埃博拉病毒是一種絲狀的病毒，在顯微鏡下觀察，就好像玉如
意一般，但是它代表的卻不是什麼吉祥如意，而是死亡。埃博拉病毒與
造成愛滋病的病毒有許多相似之處，不過埃博拉病毒的「殺人」速度卻
比愛滋病病毒要快得多。在開始的時候，病毒感染者的症狀表現和一般
的感冒沒什麼區別，僅僅只會感覺到發熱、頭痛、咽喉痛和胸悶等。但

是幾天以後，它就會開始侵蝕人的血細胞，並把自身的基因片段複製到血細胞中。這時候人的血細胞便開始成片地死亡，並且凝結在一起阻塞血管，從而切斷全身的血液供應。

不僅如此，埃博拉病毒中的特有蛋白質還會攻擊用來固定身體器官的連接組織。當它把器官中的主要膠原蛋白變成漿狀物的時候，器官的表面就會開始出現孔洞，而器官裡面的鮮血就會順著孔洞傾瀉而出。這個時候，就能清晰地看到皮膚下面的血斑以及形成水皰的液化死皮。到了這個時候，人的全身都會出血，不管是內臟還是皮膚，或是眼睛、鼻子，都會流血不止。當然，這些都只是表面現象，其實在身體的內部，所有的器官都已經化膿腐爛了，崩潰的血管和腸子都會像水一樣在肚子裡漂浮著，實在是太恐怖了！

不會大範圍流行的埃博拉

在科技如此發達的今天，醫學界仍然沒有研製出可以戰勝埃博拉病毒的藥物。因此只要感染上這種病毒，一般就會有80％的人與死神親密接觸。不過值得人們慶幸的是，埃博拉病毒並不會大範圍地流行。原來這種病毒在患者得病的早期，並沒有很高的傳染能力。可是隨著疾

病的加重，病人的排泄物中就會攜帶病毒，並且開始逐漸加重。再加上埃博拉病毒的生存時間很短暫，只要人被感染，就會加速人們的死亡速度。等到感染者臥床不起，無法運動的時候，只要不接觸其他人，病毒的傳播途徑就被切斷了。因此埃博拉病毒通常是在小範圍內傳播，並迅速致人於死亡。

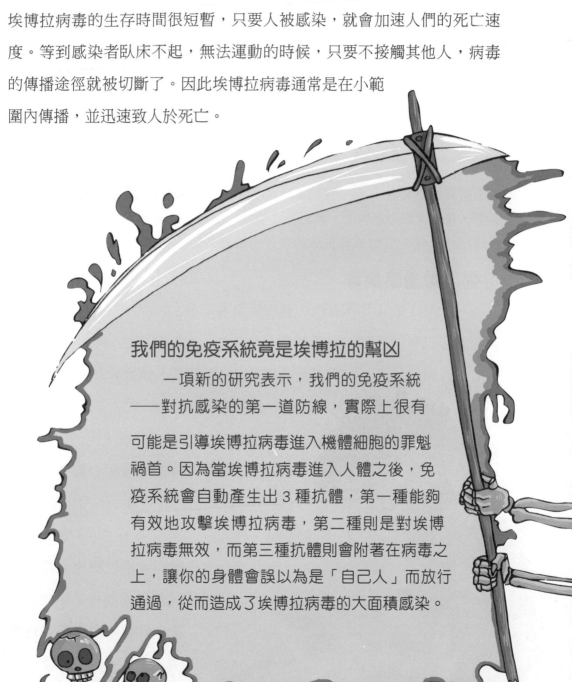

我們的免疫系統竟是埃博拉的幫凶

一項新的研究表示，我們的免疫系統——對抗感染的第一道防線，實際上很有可能是引導埃博拉病毒進入機體細胞的罪魁禍首。因為當埃博拉病毒進入人體之後，免疫系統會自動產生出 3 種抗體，第一種能夠有效地攻擊埃博拉病毒，第二種則是對埃博拉病毒無效，而第三種抗體則會附著在病毒之上，讓你的身體會誤以為是「自己人」而放行通過，從而造成了埃博拉病毒的大面積感染。

啊，他有愛滋病，快離遠一點兒……

使免疫系統崩潰的
愛滋病病毒

愛滋病病毒簡稱HIV，是一種能攻擊人體免疫系統的病毒，經由血液感染。一提起它，每個人都毛骨悚然，唯恐躲之不及。因為如果不幸被這種病毒纏上身，慢慢地，人體就會對威脅生命的任何病原體失去抵抗能力，後果可想而知。

可怕的愛滋病病毒

1984年，在全球範圍內，愛滋病患者不足3000人。如今，可怕的愛滋病病毒已奪走大約2500萬條的生命，死亡人數超過第一次世界大戰中死亡的人數。另有3300萬人受感染，因為愛滋病，超過1100萬名兒童至少失去了雙親中的一位。

愛滋病病毒被發現後，人們以為就像抗生素和牛痘疫苗的發明一樣，可以很快找到對付它的有效藥物，從而阻止它的蔓延。然而，20多年過去了，人類仍然沒有看到完全戰勝愛滋病病魔的希望。不過，人們仍然積極地與之對抗著，並沒有喪失戰勝它的希望。

HIV

HIV!

敢於面對鏡頭的愛滋病人

一般來講，愛滋病人很怕別人知道自己得了這種病。一旦被別人知道，大家就會向自己投來異樣的眼光。

劉子亮出生於河南省周口市的一個農村。1995年，他為了給兩個兒子買新衣服，在家鄉賣過幾次血，沒想到卻付出了巨大的代價。1998年8月，他被醫生告知感染了愛滋病病毒。

劉子亮的生活一下子被打亂了。不論走到哪裡，人們都會在他背後指指點點，就好像他是個瘟神一樣。而且，就連他的妻子和孩子也遭到其他人的冷眼。親戚們和他們一家斷絕了往來。於是，劉子亮在家門外砌了一堵高高的牆，隔開了他與外面的世界。他幾乎接近崩潰的邊緣，有幾次都想死。但是妻子和孩子不斷的鼓勵他，讓他重新燃起了生活的希望。

2001年12月1日，劉子亮第一次出現在媒體前，公開了自己那難以啟齒的身分。從此，他經常被各種媒體和公益機構請去做宣傳，也從中得到一些報酬，但沒有人願意真正地給他一份工作。他說：「受人施捨的感覺並不好，『自食其力』關乎尊嚴，而現在這份尊嚴正在受到歧視和踐踏。」劉子亮希望有一天能組建一個以愛滋病人為主體的公益機構，讓愛滋病人自己來宣傳自己。愛滋病並不可怕，只要能堅強地面對它，就不會被打倒。

想上學的愛滋病小女孩

一個才9歲大的小女孩得了一場大病，經過輸血感染了愛滋病病毒。全家人一下子崩潰了，她才只有9歲啊！怎麼能得這種病呢？在好心人的援助下，她在爸爸的陪伴下來到北京地壇醫院進行治療。

在醫院裡，小女孩沒有玩的地方，也沒有其他小孩作伴。有時候走出醫院，面對這個色彩斑斕的世界時，她會表現出異常的興奮。

那雙水汪汪的眼睛睜得很大，充滿好奇地這兒看看，那兒也瞧瞧，稚嫩的臉上露出燦爛又膽怯的笑容。

身體瘦弱的小女孩雖然知道自己得的是愛滋病，但並不知道這種病會奪去她幼小的生命。她對有些事情還不能完全理解，但她知道有很多人關心

著她，愛護著她。因為生病，她至今沒有上學，但總是微笑著，並拿著一本看圖識字的書，用她清脆的童音大聲朗讀，有時也會拿著鉛筆在本子上又寫又畫，那副樣子可認真啦！她對爸爸說得最多的一句話就是：「爸爸，我們回家吧！我想上學！」

　　像小女孩這樣受愛滋病病毒折磨沒有學上的孩子還有很多，愛滋病對於這樣的家庭來說真是一場巨大的災難啊！

一般性接觸或蚊蟲叮咬不會感染愛滋病病毒

　　愛滋病是一種死亡率較高的嚴重傳染病。20 世紀 80 年代，愛滋病開始在大陸出現後。2009 年 10 月底大陸公布的死亡人數累計為 5 萬人；2010 年 10 月底，與之有關的死亡人數已累計達 6.8 萬。

　　這種病毒主要通過血液傳播、性交傳播、共用針具傳播和母嬰傳播。在日常生活中如果與愛滋病病毒攜帶者握手、擁抱或一起吃飯都不會感染愛滋病病毒；蚊子、蒼蠅、蟑螂等昆蟲叮咬也不會傳播愛滋病病毒。

國家圖書館出版品預行編目資料

可怕的災難／于秉正主編. --初版 . --臺北
　市：幼獅, 2016.08
　　面；　公分. --（科普館；8）
　　ISBN 978-986-449-053-0 （平裝）

　1.科學　2.通俗作品

　308.9　　　　　　　　　　　　105009596

・科普館008・

可怕的災難

作　　　者＝于秉正
出 版 者＝幼獅文化事業股份有限公司
發 行 人＝李鍾桂
總 經 理＝王華金
總 編 輯＝劉淑華
副總編輯＝林碧琪
主　　　編＝林泊瑜
編　　　輯＝周雅婷
美術編輯＝李祥銘
總 公 司＝10045臺北市重慶南路1段66-1號3樓
電　　　話＝(02)2311-2832
傳　　　真＝(02)2311-5368
郵政劃撥＝00033368

門市

・松江展示中心：10422臺北市松江路219號
　電話：(02)2502-5858轉734　傳真：(02)2503-6601

印　　　刷＝錦龍印刷實業股份有限公司
定　　　價＝250元
港　　　幣＝83元
初　　　版＝2016.08
書　　　號＝930061

幼獅樂讀網
http://www.youth.com.tw
e-mail:customer@youth.com.tw
幼獅購物網
http://shopping.youth.com.tw